TRAITÉ ÉLÉMENTAIRE

D'AGRICULTURE

PRATIQUE.

IMPRIMERIE DE G. GRATIOT, RUE DE LA MONNAIE, 11.

TRAITÉ ÉLÉMENTAIRE

D'AGRICULTURE

PRATIQUE,

PAR

H. HERVÉ DE LAVAUR,

Propriétaire-agriculteur, membre de la Société d'agriculture et d'horticulture de Chàlon-sur-Saòne, directeur de la ferme-modèle de Château-Mouton, membre correspondant de la Société d'agriculture de Louhans, membre de l'Académie nationale, agricole, manufacturière, commerciale et de statistique.

Tu t'imposes sans doute une pénible tâche ;
Eh bien, jusqu'à la fin poursuis-la sans relâche,
Arrache, chaque jour, avec acharnement,
Les ronces, les cailloux qui causent ton tourment,
Et tu verras, malgré les oiseaux et l'orage,
D'abondantes moissons te payer ton courage.

LACHAMBEAUDIE.

PARIS

LIBRAIRIE SCIENTIFIQUE-INDUSTRIELLE

DE L. MATHIAS (AUGUSTIN),

QUAI MALAQUAIS, 15,

1849

INTRODUCTION.

L'enseignement agricole, tel qu'il va être appliqué dans son vaste ensemble, doit ouvrir aux générations futures une carrière féconde en travaux. Mais il ne faut pas se dissimuler que les progrès seront lents et incomplets, si l'on continue à donner aux enfants des campagnes une instruction et une éducation peu conformes avec la vie à laquelle on voudrait les voir se consacrer. Personne n'ignore que les premières notions que l'on donne à ces enfants sont le plus souvent des principes qui, en se développant dans leur esprit et dans leur cœur, leur ont bientôt fait prendre en dégoût le métier de cultivateur, et leur inspirent un vif désir d'embrasser une carrière ou une spécialité dont l'exercice les emportera au milieu du tourbillon des villes. Ainsi préparés, et ramenés à l'agriculture par la volonté des parents, bien plus que par leurs goûts particuliers, la plupart de ces enfants, en entrant dans nos fermes-écoles, formeront donc de très mauvais élèves, soit à cause de leur peu de zèle, soit à cause de leur incapacité.

Le congrès de 1849 a compris, sous l'inspiration de la parole éloquente de M. Dumas, combien il importait de remplir cette lacune. Pressé par les considérations vraies et justes de l'orateur, il a émis un vœu par lequel il demande au gouvernement que les instituteurs primaires, ceux qui détiennent entre leurs mains la jeunesse française, qui en ébauchent l'avenir, chacun exerçant leurs aptitudes personnelles, fussent mis à même d'enseigner pratiquement les éléments simples de l'agriculture. Ce vœu paraît devoir être favorablement accueilli, et c'est dans cette prévision que je me suis hâté de rassembler des notes de culture pratique, rédigées pendant une expérimentation de vingt ans. J'ai cherché à leur donner quelque enchaînement, sans m'attacher à la couleur du style. On n'apprend guère à écrire quand on tient les mancherons de la charrue; mon seul but a été de faire un livre élémentaire, riche de faits consciencieusement observés, et dont les résultats me sont presque tous personnels. Avec cette qualité, j'espère qu'il intéressera ceux qui préfèrent le fond à la forme, et que l'instituteur comme l'agriculteur commençant n'y puiseront aucun renseignement qui les mène à des pertes considérables de temps et d'argent : heureux si je puis leur épargner ces revers auxquels on est trop souvent conduit par de décevantes théories.

TRAITÉ ÉLÉMENTAIRE

D'AGRICULTURE

PRATIQUE.

CHAPITRE Ier.

CONSIDÉRATIONS GÉNÉRALES.

Influences atmosphériques. — Direction et profondeur des labours.
— Différentes manières de semer. — Bail progressif.

Influences atmosphériques.

L'*air* est aussi indispensable aux plantes qu'aux animaux ; privés d'air ils périssent également, et chaque plante en demande plus ou moins ; c'est pour cela qu'on recommande d'espacer surtout celles qui ont beaucoup de feuilles, et puisent ainsi une grande partie de leur nourriture dans l'air, en absorbant les gaz par la respiration.

L'*eau* n'est pas moins utile aux plantes, en décomposant les matières solides qui concourent à leur nutrition, et en leur procurant une humidité qui ne doit pas cependant dépasser une certaine proportion, car son excès n'est guère moins à redouter que son défaut complet.

La *chaleur* combinée avec l'air et une quantité d'eau

suffisante développe la croissance des plantes, avec plus ou moins de rapidité, selon qu'elle est plus ou moins forte.

La couleur noire est celle qui absorbe le plus de chaleur, aussi les terres qui en rapprochent davantage sont celles qui s'échauffent le plus vite, et où la végétation se développe le plus rapidement; les terres blanches, dites terres froides, sont celles au contraire où elle se développe le plus lentement, et a besoin d'être activée par les engrais les plus stimulants.

La lumière est si nécessaire aux plantes qu'on peut dire qu'elles la recherchent; en effet, tous les cultivateurs ont dû remarquer que leurs racines emmagasinées dans des lieux privés d'air et de lumière pour leur conservation, poussent au printemps des jets jaunes et étiolés qui se dirigent du côté où la lumière pénètre par quelque ouverture mal close, et n'acquièrent la couleur verte qui leur est propre, que lorsqu'elles ont trouvé la lumière.

Le *climat*. Un cultivateur doit étudier la nature du climat qu'il habite, et modifier ses cultures selon qu'il est plus ou moins chaud, plus ou moins froid, plus ou moins humide.

Direction et profondeur des labours.

Quelles que soient les terres qu'on ait à cultiver, la direction des labours ne saurait être une chose indifférente; il faut donc étudier celle qu'il est le plus convenable de leur donner.

Dans la culture en plaine, ce qu'on a généralement à redouter, c'est l'humidité : il est d'après cela indispensable de labourer dans le sens où les eaux s'écoulent le mieux. Dans la culture à mi-côte on laboure encore dans le sens de l'écoulement, pourvu qu'on ne soit point sujet aux eaux supérieures, dont on devra se préserver par tous les moyens possibles; un des plus simples, si on est dominé par un espace assez considérable pour craindre des ravins, c'est d'établir, en tête de son champ, une fosse recevant les eaux et les portant, par une pente suffisante, à l'une des extrémités à préserver.

Quelques montagnes sont cultivables jusqu'à leur sommet, on doit toujours les labourer transversalement à la pente, autrement les moindres pluies, et surtout les pluies torrentielles, exposeraient les cultivateurs non seulement à des pertes énormes en engrais, en culture, en semailles, mais même quelquefois, à la perte totale de leur champ, comme il est arrivé fort souvent par de violents orages. Ces labours en travers ont encore l'avantage de retenir un peu d'humidité nécessaire. Dans un terrain, où toutes conditions seraient égales d'ailleurs, on choisira toujours la direction du nord au sud.

Après avoir parlé de la direction des labours, on est amené tout naturellement à dire un mot de leur profondeur : elle doit varier aussi suivant la nature des terres, mais on peut affirmer que presque partout il y a avantage à les faire plus profonds. On est certain d'abord d'éviter deux extrêmes qui se rencontrent souvent, l'excès d'humidité, parce que l'eau s'absorbe plus facilement et plus vite, et l'excès de sécheresse, parce que la chaleur atteint plus difficilement toute l'épaisseur de la couche cultivée. Le meilleur moyen d'augmenter la consistance des sols sablonneux reposant sur un sous-sol d'argile, c'est encore de donner aux labours assez de profondeur pour attaquer plus ou moins le sous-sol, selon sa ténacité ; plus il est difficile à diviser, moins il faut en mélanger à la fois à la couche végétale. Enfin on amende aussi par le même moyen un sol où l'argile domine, s'il repose sur un sous-sol sablonneux ou graveleux, les sables ou le gravier agissant alors comme diviseurs.

Mais dans ce cas comme dans tous les autres, il faut opérer sur une petite étendue et progressivement, car des labours profonds demandent un supplément d'engrais considérable. Le fumier ne doit jamais se répandre qu'après le premier labour, afin de ne pas l'enfouir au fond de la tranchée, et les labours suivants doivent être moins profonds ; mieux vaudrait même se servir de l'extirpateur, pour bien diviser et ameublir le sol, pourvu toutefois que le fumier ne soit pas trop pailleux, ce qui engorgerait l'instrument.

Plus les labours doivent être profonds, plus il est indispensable de les faire avant l'hiver et en terres bien ressuyées ; une excellente méthode consiste à faire passer deux charrues dans la même raie ; la seconde doit être sans versoir afin de ne point amener une terre trop crue à la surface.

Ces labours doivent toujours précéder des récoltes sarclées, et jamais des céréales.

Des différentes manières de semer.

Les semailles d'automne faites trop tôt sont exposées

ou à être étouffées par les mauvaises herbes ou à être mangées par les limaces et les mulots ; faites trop tard, elles peuvent être arrêtées par les mauvais temps. Si on a le projet de semer à la herse, on peut commencer les labourages huit à quinze jours plus tôt que ses voisins, en ne cherchant pas trop à ameublir la terre ; dès que le temps est venu, on doit mettre activement à profit toutes les belles journées, pendant lesquelles on enterrera au moins quatre à cinq fois plus de blé qu'à la charrue ; on sait quelle influence la chaleur exerce sur toutes terres nouvellement remuées ; de plus, le blé étant semé à une égale profondeur, on peut compter sur une levée régulière, et l'économie sur la semence est au moins du quart au tiers. Si le semis à la herse a ses avantages, il a aussi ses inconvénients ; ainsi, il peut se faire que la terre préparée à l'avance soit trop sèche, trop mouillée, trop battue par les pluies, pas assez meuble ou trop sablonneuse ; toutes ces circonstances sont également fâcheuses.

Quand la terre est trop sèche sans être meuble, la herse saute sur les mottes et n'enterre qu'imparfaitement le grain ; trop mouillée, battue par les pluies ou pas assez meuble, les dents de la herse tracent des raies sans recouvrir le grain ; dans ces deux cas, un cultivateur inexpérimenté ne s'aperçoit pas que le blé disparaît, sans être enterré, mais seulement parce qu'il est roulé par les piétinements dans la poussière ou dans la boue ; alors, la première pluie le met à découvert, et dans cet état il est bientôt enlevé par les oiseaux.

Dans les terres d'un sable léger et mouvant, on a vu très souvent des orages enlever les semences avec la couche légère de sable qui les recouvrait.

Ainsi, en agriculture, là où il y a d'immenses avantages dans une circonstance donnée, il peut se présenter dans d'autres de grands inconvénients.

On doit donc bien examiner l'état et la nature des terres, se rappeler que les conditions essentielles pour l'emploi de la herse sont celles d'une terre de consistance moyenne, à un degré d'humidité telle que les mottes puissent être facilement brisées.

L'extirpateur, qui tient le milieu entre la herse et la charrue, les remplace merveilleusement l'une et l'autre; et, enfin, toutes les fois qu'on sera obligé de semer à la charrue, on devra s'attacher à ne pas semer trop profondément, surtout si la saison est avancée.

Au printemps, les semailles se font plus généralement à la herse, car il n'y a point d'inconvénient à semer dès qu'on peut labourer pas plus qu'à retarder la semaille.

Bail progressif.

Une des causes qui, jusqu'ici, se sont le plus opposées, en France, aux progrès de l'agriculture, c'est la défiance qui existe entre le fermier et le propriétaire; en effet, le premier, n'ayant que des baux de courte durée, n'ose se livrer à des améliorations qui, à la fin de son bail, pourraient profiter à des voisins jaloux et rivaux qui lui enlèvent sa ferme par une augmentation de prix; le propriétaire, de son côté, ne se décide jamais à passer de longs baux, et le fera moins encore aujourd'hui, dans la crainte de ne point profiter de l'amélioration dans les prix de fermage, résultat inévitable des encouragements que va recevoir l'agriculture. Pour remédier à ces deux inconvénients, il faut, par un contrat synallagmatique présentant des avantages réciproques, lier étroitement les intérêts du propriétaire et du fermier, afin qu'ils puissent y souscrire avec un égal empressement. Un bail progressif, à long terme, avec indemnité, remplirait toutes les conditions de succès désirables.

En voici les conditions générales :

Au lieu d'un bail de trois, six ou neuf ans, on pourrait adopter un bail d'au moins trente années, divisé en périodes successives de quatre ou cinq ans. En cas d'insuccès, le cultivateur aurait toujours la faculté de se retirer à la fin de chaque période ; mais ce cas se présenterait rarement, car on doit supposer que le cultivateur se sera livré à une culture judicieuse, qu'il aura réalisé des bénéfices, et que, par conséquent, il voudra garder son domaine ; alors, l'intérêt du propriétaire devant être sauvegardé, il faudra que le fermier se soumette à une augmentation progressive de fermage, débattue préalablement par les parties contractantes et fixées dans le bail. Cette augmentation progressive serait, suivant les circonstances, de 2 ou 3 francs par période et par hectare ; moyennant ces conditions, le propriétaire ne pourra jamais renvoyer arbitrairement son fermier. Cependant, en cas de vente, succession ou mutation, les clauses ci-dessus pourront être annulées et le propriétaire aura le droit de rentrer dans sa propriété, en payant, pour chaque période restante, une indemnité proportionnelle fixée à l'avance par les termes du bail. De cette manière, comme on l'a dit, il y a intérêts réciproques et garanties contre toute discussion en fin de bail.

Ce genre de bail s'introduira plus facilement en France que le bail anglais avec partage de la plus-value, qui

1.

entraîne après lui une foule de discussions, tandis que celui-ci règle d'avance et définitivement les intérêts de chacun et laisse au fermier le temps de jouir de ses améliorations. Comme on le conçoit, d'ailleurs, on ne peut ici qu'indiquer la voie, les moyens étant réservés à chacun selon sa position ; cependant, on pourrait toujours, dans l'intérêt même du fermier, lui imposer l'obligation de cultiver une certaine étendue en fourrages, de manière à ce qu'il entretienne constamment dans les pays de culture une tête de bétail par hectare et une tête par deux hectares au plus dans les autres.

CHAPITRE II.

NATURE DES TERRES.

Sols argileux. — Sols sableux. — Sols calcaires et crayeux.

Les terres arables se divisent en trois classes : 1° les terres argileuses plus ou moins compactes; 2° les terres sableuses plus ou moins légères; 3° les terres calcaires plus ou moins pures.

De ces trois classes dérivent toutes les autres terres qui sont alors des terres composées, et d'autant meilleures qu'elles le sont dans de bonnes proportions. Ainsi elles doivent être 1° assez divisées pour que les racines les pénètrent facilement, assez pesantes pour que les tiges résistent aux vents qui les ébranlent; en effet, un sol trop léger ne saurait convenir aux plantes qui présentent à l'air une trop grande surface, comme le soleil et autres de ce genre.

L'arrachage à la main de ces plantes et de diverses autres peut donner des indices sur la nature d'un sol, notamment sur sa ténacité, sa perméabilité aux racines et sa légèreté qui en favorise le développement.

2° Être assez perméables aux eaux pluviales et retenir l'eau, au point de se conserver humide à quelques pouces de profondeur, sans former après les pluies et d'une manière durable une pâte ou bouillie, qui empêche l'air de pénétrer, et sans présenter pendant les

temps secs de larges crevasses qui déchirent les racines et les font souffrir en les mettant en partie en
contact avec l'air libre.

3° Être assez légères pour absorber, contenir et ex-
haler sous certaines influences l'air atmosphérique et
les vapeurs des engrais.

4° Avoir au moins à leur superficie une couleur assez
foncée pour s'échauffer aux rayons du soleil et présenter
aux plantes une chaleur humide, qui excite si puissam-
ment la végétation.

5° Contenir de l'humus, ou débris de végétaux et
d'animaux morts plus ou moins consommés, susceptible
par sa décomposition de fournir aux plantes des aliments solubles.

6° Renfermer de l'argile, du sable (argileux, siliceux
ou calcaire) et de la chaux en proportions telles, et surtout de cette dernière, pour qu'il ne puisse s'y produire
ou s'y perpétuer un excès d'acide.

7° Avoir les propriétés précédentes jusqu'à une profondeur égale au moins à celle qu'atteignent les racines des
plantes habituellement en culture. Ainsi les betteraves,
les carottes exigeraient une profondeur d'environ 45 centimètres pour se développer convenablement, puisque
leurs racines peuvent facilement y arriver ; tandis que
si un mauvais sous-sol est plus rapproché, elles se bi-
furquent et perdent de la valeur qu'elles eussent eu
dans la première condition. D'autres plantes, une grande
partie des céréales par exemple, se contentent d'une
terre beaucoup moins profonde, pourvu toutefois qu'il
ne se rencontre pas au-dessous, des roches sans fissures
ou un sous-sol imperméable, qui ne laissent aucun pas-

sage à l'eau et aux racines. L'épaisseur de la couche de bonne terre arable doit donc être en proportion avec la nature des plantes, et c'est d'après ces principes qu'un homme intelligent doit régler et diviser ses cultures.

Sols argileux.

Les terres argileuses ou glaiseuses sont humides et froides une grande partie de l'année; si elles produisent parfois d'abondants produits ils sont presque toujours tardifs et de qualité médiocre. Les plantes qui y réussissent le mieux sont les pivotantes, telles que les fèves, luzernes et autres, qui ne poussent pas de nombreux chevelus.

Il est toujours difficile de trouver le moment de labourer ces terres : en hiver et au printemps, elles sont si tenaces que la charrue les retourne en longues bandes qu'il est impossible de diviser; en été, elles sont tellement dures qu'il faut renoncer à y entrer la charrue; Il est indispensable de diviser ces terres ou de les ameublir au moyen de tous les amendements dont on parlera dans ce traité, tels que les sables et les graviers formant sous-sol, les marnes, la chaux, les travaux d'écoulement, etc.

L'excès de chaleur n'est pas moins nuisible aux terres argileuses que l'humidité : la chaleur produit de larges et profondes crevasses qui mettent à nu les racines et les compriment outre mesure.

Sols sableux.

Les terrains sableux offrent tous les contrastes des terres argileuses. Ils ne peuvent retenir l'eau au profit de la végétation ; celle des pluies ou des arrosements les traversent comme un crible. Ils s'échauffent facilement au printemps, mais par la même raison ils se dessèchent promptement et deviennent brûlants en été.

Dans les contrées froides et pluvieuses, ils sont parfois fertiles alors que les terres argileuses cessent de l'être ; dans les pays chauds ou tempérés sujets à de longues sécheresses, ils se dépouillent au contraire de toute végétation pendant la belle saison, tandis que les terres fortes sont encore couvertes de verdure.

Les terres sableuses sont brunes, jaunes ou blanches. Leur culture est peu coûteuse. Il est toujours facile de les labourer ; quelque humides qu'elles soient elles ne forment jamais pâte comme l'argile, et quand elles sont sèches elles n'offrent pas une grande résistance. Elles n'exigent pas des labours aussi fréquents parce qu'elles se laissent facilement pénétrer par les gaz atmosphériques et par les racines, mais aussi elles offrent peu de solidité à ces dernières. L'action du rouleau comme plombage est indispensable dans ces terres.

L'humidité est la condition première de leur fertilité, les irrigations sont donc très convenables. De grands fumiers appliqués en couverture sont une des choses qui conservent le mieux l'humidité, soit après les irrigations, soit après les pluies ; pour ces terres il vaudrait mieux semer sans engrais, et les couvrir de fumiers pailleux au printemps ; cette méthode aurait encore pour but de remédier au déchaussement des blés.

Le moyen le plus efficace d'améliorer les sols sableux qui reposent souvent sur un sous-sol d'argile, c'est d'attaquer à la charrue ce sous-sol qui leur donnera la consistance qui leur manque ; mais il faut le faire modérément afin de ne pas trop diminuer leur fertilité par une terre qui n'a pas encore reçu les influences atmosphériques, et qui doit être mélangée avec le sable ; un pouce suffit d'abord, sauf à y revenir plus tard.

Tous les amendements qui peuvent donner de la consistance aux terres, si le sous-sol n'est pas argileux, doivent être employés et le seront toujours avec succès, tels sont les argiles marneuses, les marnes argileuses, les fumiers gras, surtout ceux des bêtes à cornes, les récoltes enfouies en vert, etc.

Sols calcaires et crayeux.

Les sols crayeux ou calcaires purs sont les plus stériles. Il est bien peu de terres qui ne contiennent une certaine quantité de calcaire, tantôt en graviers plus ou moins gros, tantôt sous forme pulvérulente ; il est même indispensable à leur bonne composition. Les sols calcaires sont très rarement aussi sans mélange d'argile ou de sable, ils sont plus ou moins fertiles selon les proportions qui les composent.

Les prairies artificielles doivent toujours être la base des meilleurs assolements pour ces terres, on doit leur donner souvent des fumiers gras ; des composts formés d'herbes, de terre et de purin, et les récoltes enfouies en vert leur conviennent mieux qu'à tous autres.

Ainsi toutes les terres étant composées, dans diverses proportions, des trois espèces de sols dont on vient de parler, il sera toujours facile d'augmenter leur fertilité par l'emploi des engrais et amendements, qu'on a indiqués à chaque espèce selon les principes qui domineront dans leur composition. A l'article de chaque plante je dirai le sol qui lui convient le mieux.

CHAPITRE III.

INSTRUMENTS D'AGRICULTURE.

De la culture en général. — Charrue. — Herse. — Rouleau. — Buttoir. — Houe à cheval. — Extirpateur. — Scarificateur. — Rayonneur. — Semoir. — Coupe-racines. — Hache-paille. — Machine à battre. — Tarare ou vannoir.

De la culture en général.

En France la culture est généralement peu soignée, on n'y attache pas assez d'importance ; cependant des labours faits avec de mauvais instruments et en mauvaise saison, des fumiers et des semences répandus avec négligence, des récoltes mal soignées, sont autant de causes de gêne pour le cultivateur, qui attribue son manque de récolte bien plutôt aux intempéries qu'à lui-même.

Pour cultiver avec fruit, il faut le faire avec intelligence, en temps convenable, et avec de bons instruments.

Toutes les terres doivent être creusées, remuées et divisées souvent ; abandonnées au repos, elles se tassent, deviennent dures à la surface, se dessèchent rapidement, étranglent les plantes au collet, et empêchent leurs racines de s'étendre.

Charrue.

La charrue est le premier et le plus utile des instruments à employer pour ouvrir la terre, tout le monde le connaît, mais bien peu se doutent combien la perfection lui est nécessaire, aussi ses formes varient dans chaque pays, et eût-on la plus mauvaise, chacun prétend avoir la meilleure. Je suis loin d'être absolu et exclusif dans mes conseils, aussi je ne prescrirai pas d'adopter aveuglément telle ou telle charrue; j'engagerai tous les cultivateurs à essayer, sans prévention, celles qui passent pour meilleures que les leurs, et principalement l'araire Dombasle, que j'ai adopté avec le plus grand succès dans un pays où il était entièrement inconnu. La manière de s'en servir est simple et facile, tous ceux qui font usage de charrues sans avant-train la connaissent, et pour les autres il suffit de savoir que les mouvements sont en sens inverse de ceux à faire pour les charrues à avant-train; ainsi pour faire entrer l'araire il faut soulever légèrement les mancherons, pour diminuer la profondeur, il faut appuyer dessus; quant au régulateur, quelle qu'en soit la forme, on conçoit très facilement son action. Dans tous les cas, telle simple que soit la charrue, tel habile laboureur que l'on soit, il faut toujours faire les premiers essais dans des terres faciles à cultiver et sans herbes, et avec des animaux paisibles, car à la moindre surprise, si se laissant aller à ses habitudes on appuie même légèrement sur les mancherons, l'araire sort de la terre; si au contraire on les soulève, l'araire plonge et se brise si on ne peut arrêter l'attelage.

Un des grands avantages de l'araire, c'est d'exiger moins de tirage, et par cela même un seul homme pour la conduire, puisqu'il peut facilement diriger les deux animaux qui suffisent par attelage.

Les meilleurs labours sont ceux dont la bande de terre

déplacée par la charrue n'est pas entièrement retour-
née, mais seulement inclinée sur la tranche précédente,
de manière à laisser une de ses arêtes au-dessus ; une
largeur de vingt-cinq à vingt-huit centimètres, sur une
profondeur de dix-sept à vingt centimètres, sont une
proportion très convenable pour obtenir ce résultat, car
il faut généralement que la tranche soit d'un tiers moins
profonde que large.

Comme le travail fait à la charrue n'est jamais aussi
parfait que celui à la main, il est presque toujours indispensable de briser les mottes et de niveler le terrain ; pour cette opération on se sert de rouleaux et de
herses.

Herse.

Une bonne herse est aussi indispensable qu'une bonne
charrue, car son usage se répète à l'infini. Elle précède
ou suit toujours le travail de la charrue, elle est destinée
à briser les mottes, à enlever les mauvaises herbes, et
à niveler ; mais il est important que l'état de la terre
soit convenable. Elle ne doit être ni trop sèche ni trop
mouillée, car dans le premier cas l'effet est nul, dans le
second il est nuisible, surtout pour recouvrir une semence, les dents se chargent de terre, la herse s'engorge
et entraîne la graine qu'elle déplace. Il y a des herses de
toutes les formes, toutes peuvent être bonnes, à la condition que les dents soient disposées de manière à ce
qu'il ne leur échappe aucune partie de l'espace qu'elles
parcourent. Elles doivent être plus ou moins lourdes,
selon la nature des terres et selon l'usage auquel on les
destine ; tantôt elles sont appelées à recouvrir des graines
dans un terrain très meuble ou sableux, alors elles doi-

vent être légères ; tantôt à briser des mottes ou à donner une demi-culture, dans ce cas elles doivent être lourdes. Pour une culture un peu étendue, on pourra avoir deux herses : une herse à dents de bois légère, et une forte herse à losange, à dents de fer, appelée herse-Valcourt, qui est celle qui donne le travail le plus parfait. Pour les petits cultivateurs, il suffit d'une herse moyenne qu'on charge au besoin ou qu'on remplace dans d'autres cas par une claie d'épines. La herse doit avoir les dents inclinées et des crochets aux deux extrémités pour y accrocher la chaîne, afin de faire des hersages plus ou moins énergiques.

La herse-Valcourt s'accroche, non par le milieu, mais près de l'angle obtus, de manière à ce que les patins marchent parallèlement avec le travail exécuté. Si le terrain est déjà meuble et sans herbes, un homme seul, marchant à côté du cheval, peut la conduire.

Dans beaucoup de cas il est indispensable, comme pour les autres herses, d'avoir un homme placé derrière, pour la dégager, au moyen de mouvements d'oscillation répétés, à l'aide d'une corde, ou pour la débarrasser des herbes que les dents traînent après elles.

On a parlé des patins de la herse-Valcourt ; ces patins sont deux pièces de bois disposées en dessus, de manière à servir de traîneau à la herse renversée, pour la conduire au champ. J'avoue que je n'ai pu me défendre d'un frémissement toutes les fois que j'ai vu, comme cela arrive si souvent, des animaux vifs et rétifs, ou un conducteur brutal, ou souvent l'un et l'autre associés, pour conduire aux champs des herses ainsi renversées avec leurs dents menaçantes, et qui blessent si souvent les animaux s'ils viennent à reculer. Je regarde donc comme indispensable de remplacer l'usage de ces patins, par le châssis le plus grossier fait de quatre branches, destiné à recevoir la herse non renversée, pour la conduire.

Rouleau.

Ici vient se placer le rouleau comme l'un des instruments déjà employés dans presque tous les pays, et dont un fermier intelligent ne saurait se passer. Son usage est indispensable pour tasser la terre sur les semences fines, afin de préserver le germe de la sécheresse; pour briser les mottes dans les sols argileux, pour tasser la terre dans les prés ou sur des blés trop soulevés par les gelées du printemps. Toutes ces opérations doivent être faites sur des terrains convenablement ressuyés, afin que le rouleau ne s'empâte pas. L'emploi alternatif du rouleau et de la herse réussit parfaitement à ameublir une terre couverte de mottes trop dures pour céder à la herse. La longueur des rouleaux varie de un mètre à un mètre soixante centimètres, et leur diamètre de trente à cinquante centimètres, selon qu'ils sont en bois, en pierre ou en fonte, comme le rouleau squelette de Mathieu de Dombasle. Ce dernier rouleau est parfait sous tous les rapports, surtout comme brise-mottes, mais son prix trop élevé (cent quarante-cinq francs), en borne l'usage aux grandes exploitations.

Un nouveau rouleau vient d'être inventé par M. Delaire, cultivateur à Sauxellange (Puy-de-Dôme); ce rouleau brisé présente le grand avantage de suivre toutes les ondulations de terrain, et convient surtout pour rouler les blés déchaussés par les gelées du printemps.

qu'ils soient semés en billons , en sillons ou en planches ; il est d'une exécution facile ; toutefois on devra
se conformer aux rgèlements sur les brevets d'invention.

Viennent maintenant les instruments moins en usage,
que nous passerons successivement en revue.

Buttoir.

Le buttoir n'est autre chose qu'une charrue sans
avant-train , ou araire à deux oreilles mobiles, qui s'é-
loignent ou se rapprochent à volonté, et qui s'emploie
dans les mêmes champs que la houe à cheval, pour but-
ter les plantes semées en ligne, telles que maïs, pommes
de terre, etc., etc. On s'en sert dans les terres meubles
et légères , à l'aide d'un seul cheval passant entre les
lignes. Il sert aussi à vider les saignées d'écoulement.

Houe à cheval.

Elle est composée d'un âge et de deux ailes mobiles,
auxquelles sont fixés les mancherons, ce qui donne
moyen de les ouvrir ou de les resserrer à volonté ; elle
porte cinq pieds, savoir : un soc triangulaire placé en
avant sous l'âge, et quatre couteaux recourbés en équerre
fixés deux à chaque aile , les pointes dirigées vers l'intérieur.

Cet instrument est d'une grande utilité pour remplacer le travail à la main ; on peut cultiver une largeur de
cinquante à quatre-vingt-dix centimètres à la fois , et
un hectare et demi par jour avec un seul cheval ; aussi
ne peut-on plus s'en passer pour la culture en grand des
récoltes sarclées, et il est déjà très répandu ; il exécute de bons binages dans des terres meubles et légères,

qui n'ont pas de mauvaises herbes; pour cela les plantes doivent être semées en lignes.

Extirpateur.

L'extirpateur est un instrument qui tient le milieu entre la charrue et la herse; moins énergique, mais beaucoup plus expéditif que la charrue, puisqu'il cultive trois à quatre pieds de large; beaucoup plus énergique que la herse, puisqu'il est armé de cinq socs qui cultivent à trois ou quatre pouces de profondeur : on l'emploie pour les seconds labours ou pour couvrir la semence, lorsque dans un terrain tassé la herse ne produit pas assez d'effet. Avec cet instrument, on peut cultiver de un et demi à deux hectares par jour. Il coûte 87 francs.

Scarificateur.

Cet instrument est beaucoup moins en usage que l'extirpateur, dont il ne diffère que par la disposition et la forme de ses dents, qui coupent la terre verticalement au lieu de la trancher horizontalement comme celles de l'extirpateur. Son prix est de 160 francs.

Rayonneur.

Le nom de cet instrument indique que son usage est de tracer des raies pour semer ou planter en lignes; la petite culture peut le remplacer par un cordeau, et la grande par un trait de charrue tenue par un homme exercé; cependant il est très expéditif.

Semoirs.

Tant qu'on n'aura pas perfectionné les semoirs, le

prix trop élevé des uns et le peu d'utilité des autres, nous dispensent d'en parler.

Coupe-racines.

Tous ceux qui emploient des racines à la nourriture et à l'engraissement du bétail doivent sentir la nécessité de cet instrument; quel que soit son prix on l'a bientôt retrouvé sur l'économie de la main d'œuvre : nous ne saurions donc trop en conseiller l'usage. Il est inutile que nous en donnions la description, il y en a de diverses formes et de prix différents.

Hache-paille.

Cet instrument est d'une très grande utilité, mais jusqu'ici il a été réservé à la culture perfectionnée, et aux industriels qui mêlent avec raison de la paille et du foin hachés aux résidus qu'ils emploient à l'engraissement des bestiaux. Les cultivateurs en général ne se donnent point la peine de hacher la paille et encore moins le foin qu'ils donnent à leurs animaux, malgré l'utilité qu'il y aurait souvent à le faire, surtout pour la paille qu'on mélange avantageusement avec l'avoine pour les chevaux.

Machines à battre.

Il y en a de bien des sortes; à bras elles conviennent à un ou deux petits cultivateurs qui s'associent pour en faire l'achat; elle est expéditive et économique, surtout si on ne s'en sert qu'en mauvaise saison, pour occuper les gens de la ferme qui, femmes et enfants, y trouvent leur place. Machines à manége pour trois ou quatre chevaux : elles sont presque indispensables à la grande culture ; elles procurent une grande économie au battage et elles expédient beaucoup d'ouvrage, si elles sont bien confectionnées. Machines à vapeur : elles sont trop dispendieuses à établir ; elles ont fait l'objet de spéculations de la part des mécaniciens, qui se transportent chez les propriétaires pour battre leurs récoltes, le propriétaire paye le charbon, puis la machine et les hommes à la journée ; d'abord il n'y a point ou peu d'économie dans le prix de revient, et l'encombrement en pailles, grains et ouvriers, qui résulte d'un travail non interrompu, est tel qu'il y a de quoi y faire renoncer ; cependant ces machines présentent l'avantage incontestable de se débarrasser en quelques jours d'une récolte qui eût occupé pendant plusieurs mois, restant en butte à ses destructeurs nombreux. Enfin il y a encore les machines à eau : on sent que ces dernières sont si avantageuses que, disposant d'un cours d'eau, il y aurait incurie impardonnable à ne point en établir, si on a une culture de quelque importance ; en effet rien ne peut empêcher de disposer de sa machine en tous temps, et sans surcroît de dépenses ; tandis que bien souvent on ne peut détourner ses attelages de travaux trop importants, ou on les fatigue par un surcroît d'ouvrage ; car s'il survient quelques jours de pluie dans le moment des plus forts travaux, on est souvent heureux d'en profiter pour laisser un instant de repos aux animaux et aux hommes, et pour réparer les harnais.

On ne donnera aucune description des différentes machines, elles sont trop connues aujourd'hui et on en construit partout. Seulement on pourra prendre note des différentes observations précédentes, et choisir dans les machines qui conviendront le mieux au genre d'exploitation de chacun, celles que l'usage aura fait reconnaître comme étant les plus parfaites. Quelques machines ne font que battre le grain, d'autres achèvent le nettoyage.

Tarare ou vannoir.

Cet instrument est d'une telle nécessité pour le nettoyage des grains, que partout où il y a une réunion de cultivateurs, si chacun ne peut avoir le sien à raison du prix, qui n'est cependant pas très considérable aujourd'hui, il devrait y en avoir un commun à plusieurs, auxquels il peut parfaitement suffire.

Bien fait et bien conduit, cet instrument expédie beaucoup d'ouvrage, et donne plusieurs espèces de grains nettoyés et séparés en qualités différentes; si on veut avoir un grain parfait de netteté, il faut le passer une seconde fois; cette nouvelle opération se fait très vite.

Resterait à parler des petits instruments de culture, ou instruments à main; ils varient selon chaque pays. On ne peut cependant se dispenser de conseiller les houes ou pioches à deux dents, si utiles pour cultiver, arracher les pommes de terre et autres racines, puisqu'elles ne sont pas employées partout. Dans quelques pays les manches des outils sont trop longs, dans d'autres ils sont trop courts; l'emploi des uns peint la mollesse, l'emploi des autres annonce l'ardeur au travail; avec les premiers l'ouvrier ne peut employer utilement ses forces, avec le second il se fatigue et se courbe souvent pour sa vieillesse ; il faut donc remédier à ces deux extrêmes.

Je ne terminerai pas sans dire quelques mots de la bêche employée dans tous les pays pour la culture des jardins. Cet instrument est le plus utile et le plus énergique de tous ; dans quelques contrées on s'en sert pour la grande culture, et ce sont des pays qui semblent privilégiés par la nature, tandis qu'ils ne doivent souvent leur extrême fertilité qu'aux hommes laborieux qui les habitent. En effet, comme cet instrument n'est point assez expéditif, ils soumettent successivement chaque année une portion des terres de leur ferme à son action énergique, et on voit souvent tous les gens d'une ferme occupés ensemble à bêcher le même champ.

CHAPITRE IV.

FUMIERS ET ENGRAIS, COMPOSTS.

Fumier de moutons et de chèvres. — Fumier des mulets et chevaux. — Fumier des bêtes à cornes. — Fumier de porcs.

Fumiers et engrais.

En agriculture, tout n'est pas positif; on ne peut
donner de prescription absolue. On ne peut dire à un
cultivateur : vous ferez toujours de telle manière, parce
que celle-là seulement est la bonne ; il ne suffit pas de
la science en agriculture, il faut aussi du jugement et
surtout de l'expérience. La seule chose sur laquelle on
soit d'accord en toutes circonstances et en tous lieux,
c'est qu'on ne saurait avoir trop d'engrais. Il faut donc
s'en procurer à tout prix, de toutes manières, et c'est
peut-être là encore où se présentent les questions les
plus difficiles à résoudre ; en effet, près de certaines
villes, il peut y avoir avantage à vendre ses pailles et
ses foins pour acheter des engrais ; près d'autres, la
production du lait est avantageuse; enfin, dans quelques localités, l'engraissement des bestiaux est ce qui
réussit le mieux. On voit donc que partout il faut l'expérience pour juger ce qui convient. Je vais entrer dans
le détail des soins qu'exigent les engrais, de la manière

de s'en procurer, des différentes espèces et des terres auxquelles ils conviennent.

Il est si important en agriculture de se procurer une grande masse d'engrais, et si indispensable de les soigner, qu'en entrant dans une ferme on peut presque juger du succès de l'exploitation par l'aspect des fumiers ; en effet, un fermier négligent, et il faut le dire, presque tous, dans les pays de pauvre culture, ne donnent aucun soin à leurs fumiers ; ils les laissent longtemps dans les cours, amoncelés par petits tas tels qu'ils ont été sortis des écuries, ou entassés négligemment et dispersés dans les cours par les bestiaux et la volaille, brûlés par le soleil ou entraînés par les pluies. Un fermier intelligent, au contraire, apporte le plus grand soin à la disposition de ses fumiers, les place dans des lieux convenables, les divise et les tasse soigneusement en les amoncelant, les soustrait autant qu'il le peut aux ravages de la volaille et des bestiaux et aux influences également nuisibles du soleil et de la pluie ; enfin il ne laisse rien perdre autour de lui et forme des composts de tout ce qui ne peut entrer dans la masse de ses fumiers. (Voir à l'article *composts*.)

Avant d'entrer dans tous les détails que comporte cet article, je dirai que l'emplacement à choisir pour déposer les fumiers ne saurait être indifférent.

Toutes les fois que la disposition des lieux le permet, et si on a une ferme de quelque importance, on doit faire une fosse à purin murée et couverte, de dix à trente mètres de long, selon l'importance de la ferme, de un mètre de profondeur, et d'une largeur convenable pour faire passer les deux roues d'un chariot en dehors des recouvrements ; on forme ensuite sur le sol à droite et à gauche de cette fosse une espèce d'aire solide et unie qu'on recouvre d'une couche d'argile, si le sol est perméable, de manière à éviter toute infiltration. Ces aires doivent avoir environ sept mètres de largeur, et une légère inclinaison du côté de la fosse pour y faire arriver l'excédant d'humidité qui découle des fumiers. On les entoure ainsi que la fosse d'une levée de terre compacte d'une largeur et d'une hauteur suffisantes, pour empêcher le purin de s'échapper et les eaux pluviales ou autres d'arriver à la fosse, sans pour cela empêcher la libre circulation des voitures au moment des transports.

Comme dans une exploitation bien dirigée on a besoin de fumiers à plusieurs degrés de décomposition, on comprendra très bien la disposition à donner aux tas. Chaque aire se divise en deux portions, l'une d'elles sert au premier dépôt de fumier ; le tas arrivé à deux mètres environ, on en commence un nouveau sur la seconde partie de l'aire ; ce nouveau tas arrivé à la hauteur du premier on passe à la deuxième aire, où on fait aussi successivement deux dépôts. On conçoit que par ce moyen on a toujours des fumiers au degré de décomposition qu'on désire, tandis que par la disposition ordinaire, il faut ou déranger les fumiers ou recourir à des dépôts séparés. Cette méthode est encore avantageuse si on veut séparer le fumier de chaque espèce d'animaux, et on comprend que la longueur des aires et le nombre de leurs divisions sont indéterminés ; mais elles doivent s'étendre en longueur et non en largeur, afin que tous les tas soient à proximité de la fosse pour rendre l'arrosement facile. La fosse dont nous avons parlé doit, dans toute sa longueur, être recouverte de dalles en pierres brutes solides ou de plateaux de chêne ; à partir du milieu, elle doit avoir dans le fond une inclinaison vers chaque extrémité, de manière à pouvoir épuiser tout le purin qu'elle contient. Le dernier recouvrement de chaque bout est formé d'un plateau en chêne armé d'une boucle qui sert à l'enlever. Un homme, placé à chaque extrémité, arrose les fumiers lorsqu'ils en ont besoin avec une écope en bois qui répand très également le purin lorsqu'on sait s'en servir ; ou les mêmes hommes, l'un à l'ouverture de la fosse, l'autre sur le tas de fumier, l'arrosent avec deux seaux qu'ils échangent, et l'opération marche avec une égale promptitude de cette manière. On conçoit que cette fosse peut fournir comme les autres les purins qu'on voudrait utiliser en liquide pour arroser les champs. Mais l'emploi du purin exige beaucoup de précautions et de connaissances pour en faire une bonne application. Il vaut mieux faire imbiber autant que possible toutes les urines par des pailles dans les écuries, n'en pas laisser perdre, et en arroser les fumiers par le procédé que nous venons d'indiquer. En cas d'excédants, on peut encore en saturer des terres sèches. La fosse peut aussi, dans le cas où on est gêné par l'espace, servir de passage aux chars pour le chargement des fumiers.

Si la disposition des lieux le permet, il sera économique et avantageux de conduire à la fosse par des rigoles couvertes l'excédant des urines absorbées dans les écuries, afin d'éviter de nouvelles constructions de fosses ou des transports de purin pendant l'été. Il serait à désirer que les fumiers fussent abrités des ardeurs du soleil par des arbres, des mûriers par exemple dont les fruits sont très recherchés par la volaille, ou que chaque tas fût recouvert de paille assujettie par quelques perches.

Si une grande masse de fumier est indipensable, il faut donc étudier les moyens de s'en procurer la plus grande quantité, et pour cela les efforts du cultivateur doivent être tournés du côté des racines et des prairies artificielles comme base de tout assolement ; moitié ou un tiers au moins des produits du domaine doivent être destinés à la nourriture des bestiaux de travail et de rente, et qu'on ne s'effraye jamais de cette proportion, car on l'a dit avec vérité : qui a du fumier a du grain. On doit s'attacher surtout à bien nourrir le bétail toute l'année à l'étable, car entre ce système et celui du pâturage une partie de l'année, il y a au moins une différence de fumier de moitié en faveur du premier.

Il faut aussi avoir le plus possible de bétail à l'engrais, c'est celui qui produit les plus abondants et les meilleurs fumiers, et pour avoir une culture riche, le produit du bétail de toute espèce doit former au moins la moitié du revenu d'une ferme.

On doit, partout où cela se peut, avoir toujours dans une ferme du plâtre en poudre à sa disposition, pour en mélanger de temps à autre dans la fosse à purin, dans la proportion de cinq cents grammes environ par hectolitre, et pour en saupoudrer un peu entre chaque lit de fumier qu'on forme sur les tas, aussi dans la proportion que l'on vient d'indiquer ; on sent qu'il n'est pas besoin d'une exactitude scrupuleuse. L'emploi du plâtre de cette manière a pour but de fixer les sels ammoniacaux des purins et des fumiers et de hâter la décomposition de ces derniers.

Le plâtre se remplace par le sulfate de fer mis en poudre dans les fosses à purin, ou en liquide à raison de deux kilogrammes dissous dans dix litres d'eau pour deux ou trois mètres de fumier qu'on arrose deux ou trois jours après sa sortie des étables.

Les fumiers se classent ainsi selon leur énergie :

1° Fumier de moutons et de chèvres.

2° Fumier de mulets et de chevaux.

3° Fumier de bêtes à cornes.

4° Fumier de porcs.

Beaucoup d'autres substances augmentent la masse des engrais, telles sont les vidanges des latrines de la ferme ;

Les colombines ;

Les boues de villes, les débris d'animaux, les cendres ;

Enfin tout ce qui se perd autour d'une ferme et sert à la formation de composts, dont on peut toujours faire une grande quantité, et qui sont surtout utilement destinés aux prés naturels qui réclament toute l'attention des cultivateurs. (Voir l'article *composts*.)

Enfin on peut acheter dans le commerce des supplements d'engrais.

La gadoue liquide ou convertie en poudrette ;

Le noir animal, résidu des raffineries ;

Le guano et autres engrais pulvérulents ;

Les chiffons de laine, etc., etc.

On a parlé des fumiers en général ; parlons de chacun

d'eux en particulier, dans l'ordre où nous les avons placés.

Fumier de moutons et de chèvres.

Ce fumier, le plus chaud et le plus actif, convient aux sols froids et argileux ; il s'emploie le plus souvent au sortir des bergeries où il s'accumule pendant longtemps.

Fumier des mulets et chevaux.

De même que celui des moutons, quoique moins chaud et moins énergique, il convient également aux terres argileuses et froides ; mais comme les chevaux ne sauraient s'accommoder de l'accumulation des litières qu'on doit renouveler chaque jour, on doit en former un tas sur l'aire destinée au fumier, et ne l'employer qu'après quelques semaines de fermentation, ayant soin de l'arroser avec du purin et de le saupoudrer de plâtre chaque fois qu'on forme un nouveau lit, afin d'empêcher qu'il prenne le blanc.

Fumier des bêtes à cornes.

Ce fumier, plus gras et moins chaud que les précedents, convient moins aux sols dont nous venons de parler ; il doit être réservé aux sols chauds, sablonneux, crayeux ou calcaire.

Fumier de porcs.

Le fumier de porcs passe en général pour le plus aqueux et le plus froid ; il peut s'employer aux mêmes terres que celui des bêtes à cornes, mais il est toujours avantageux de le mêler aux autres fumiers. Si on a des terres de consistance moyenne, le mieux est de mélanger

tous les fumiers des animaux d'une ferme; ils acquièrent tous de la qualité par ce mélange. Enfin plus les
terres sont froides et argileuses, plus les fumiers doivent
être frais et pailleux; plus elles sont chaudes et légères,
plus les fumiers doivent être anciens et gras.

Les fumiers frais contiennent peu de mauvaises
graines, si on n'emploie à leur composition ni les balles
des céréales ni les balayures des fenils; néanmoins il
est toujours préférable de les appliquer à des récoltes
sarclées qui détruisent les mauvaises herbes à mesure
qu'elles germent, surtout si on doit fumer de manière
à craindre de voir verser les blés; de la sorte la récolte
des racines sera beaucoup plus abondante et les blés
n'en souffriront pas.

On ne doit jamais laisser le fumier en petits tas dans
les champs, à moins d'impossibilité absolue; mieux
vaut l'étendre imparfaitement de suite et le laisser ainsi
quelques jours sur le terrain s'il est bien ressuyé (ce
qui est toujours probable lorsqu'on peut conduire des
engrais dans un champ). Cependant il y a avantage à
le diviser immédiatement le plus exactement possible
(ce qui ne s'exécute bien qu'en y employant les mains),
car si le temps est pluvieux la fumure sera inégale, s'il
est chaud et qu'il y ait beaucoup d'air, le fumier sé-
chera et deviendra très difficile à diviser; une fois ainsi
également répandu, on devra l'enterrer le plus promptement possible; cependant il peut en cet état rester sans
inconvénient sur le sol plus longtemps que de toute
autre manière. En résumé, il est avantageux, dans la plupart des cas, d'employer les fumiers dans un état moyen
de décomposition, car trop frais ils présentent quelques

inconvénients, mais trop à l'état de *beurre noir*, ils en présentent bien davantage encore; d'abord ils ont éprouvé une diminution de moitié en volume, et une perte bien plus considérable, puisqu'employés quelques mois plus tôt, à des vesces pour fourrage, par exemple, ils auraient produit pendant le temps qui a servi à leur décomposition (et sans une grande diminution de valeur) des éléments précieux pour de nouveaux engrais.

J'ajouterai encore à cet article quelques données approximatives sur la production et l'emploi des fumiers.

Pour bien fumer un hectare de terre, il faut de vingt-cinq à trente mille kilogrammes de fumier, soit trente à quarante mètres cubes environ, où trente à quarante voitures ordinaires à un cheval.

La fumure de trente à quarante mille kilogrammes par hectare qu'on dépasse souvent près des villes, peut effrayer les pays de pauvre culture, où on veut ensemencer beaucoup de terres avec des quantités de fumiers véritablement insignifiantes, puisque dans ces pays chaque bête produit à peine de trois à quatre voitures de fumier. par an. On peut dire à ces cultivateurs qu'un hectare bien cultivé et bien fumé coûte en culture et en semence trois fois moins et rend beaucoup plus que trois hectares qui le sont mal.

Le grand point en agriculture est donc de se procurer des engrais; pour cela il faut créer des prairies temporaires et permanentes, et des racines, de manière à nourrir le plus grand nombre de bétail possible.

Ainsi on n'augmente son bétail qu'en proportion de ses prairies, qui produisent d'autant plus que les terres auront été mieux fumées ; et un cultivateur qui entrera avec résolution et intelligence dans cette voie, se rassurera bientôt, lorsqu'il verra qu'un bœuf à l'engrais peut produire vingt mille kilogrammes de fumier, c'est-à-dire plus de vingt-cinq voitures, qu'une vache laitière nourrie toute l'année à l'étable peut en produire vingt, que cent moutons bien nourris en donnent de quarante à cinquante voitures ; tandis qu'un bœuf de travail, une vache tenue une partie de l'année au pâturage et des moutons parqués produisent à peine le tiers des quantités que l'on vient d'indiquer. On conçoit que j'ai voulu parler des grosses races d'animaux, nourries abondamment, auxquelles on ne ménage pas la paille, et dont on fait soigneusement absorber toutes les urines par la litière. Viennent les autres ressources d'une ferme.

On doit mettre en première ligne les vidanges des latrines, qui doivent être recueillies avec soin, et auxquelles on doit ajouter de temps en temps environ deux kilogrammes de plâtre ou deux cent cinquante grammes de sulfate de fer par hectolitre pour fixer l'ammoniaque. Pour employer facilement les vidanges, le procédé le plus simple est de les transporter dans une fosse bien cimentée, bétonnée, ou en sol argileux, de manière à ne laisser échapper aucun liquide. Au bord de cette fosse, qui doit avoir environ un mètre de profondeur et n'être pleine qu'à moitié, on conduit de la terre meuble qu'on jette par pelletées, de manière à garnir toute la surface ; la terre gagne bientôt le fond, et on en ajoute chaque jour jusqu'à ce que la masse soit bien ferme ; au bout de quelque temps, on retire le tout de la fosse et on le laisse sécher sur le bord, jusqu'à ce qu'il soit assez ressuyé pour être répandu facilement.

On ne doit jamais jeter dans cette fosse ni pailles, ni herbes, ni autres matières à décomposer, car on les retirerait telles qu'on les y aurait mises.

On ne s'étonnera point que l'on recommande comme ressources importantes les vidanges d'une ferme ainsi employées, lorsque j'aurai cité, sans l'affirmer toutefois, l'assertion d'un cultivateur, qui assure qu'il fume annuellement, par ce procédé, plus d'un hectare de terre avec les déjections de cinq personnes qui composent sa maison.

On doit encore recueillir avec soin la colombine et la poulaitte, qu'on fait sécher et qu'on bat ensuite au fléau pour être employées en couvertures sur les récoltes en végétation, sous forme d'engrais pulvérulents appliqués surtout aux terres froides et humides.

Les cendres lessivées, la suie rendent de grands services et s'emploient beaucoup dans quelques pays, en terres légères, sablonneuses et humides, surtout pour les prés et la culture du sarrasin qui semble ne pouvoir s'en passer.

Les cendres de charbons de terre, dont souvent on ne fait aucun cas, produisent d'heureux effets sur les prés froids et humides.

Enfin, les boues de ville, lorsqu'on est à portée de pouvoir s'en procurer, offrent une ressource inappréciable. Employé au bout de deux ou trois mois, cet engrais est un des plus puissants, comme je m'en suis assuré par des expériences répétées, et son effet se fait sentir pendant trois ou quatre années.

Reste à parler du guano, dont les effets merveilleux ont été constatés depuis quelques années, de la poudrette, et de tous les engrais pulvérulents qui se livrent dans le commerce. Leur efficacité ne me paraît pas contestable ; mais malheureusement l'expérience a prouvé que ces engrais peuvent être si souvent et si facilement falsifiés, qu'on ne doit en conseiller l'usage qu'aux cultivateurs bien certains des qualités qu'ils emploieront ; car, en culture, un insuccès fait plus de tort au progrès que dix années de succès et d'expérience ne l'avancent. Les chiffons de laine, les rognures de peau, de corne, etc., sont encore une ressource, mais se trouvent rarement en assez grande quantité pour qu'on puisse y compter. La meilleure manière d'employer les chiffons et les engrais pulvérulents est de les déposer aux pieds des plantes auxquelles on les destine, si ce ne sont pas des céréales.

En terminant cet article des engrais, je crois devoir recommander ici, comme un des plus puissants moyens d'amélioration, de conservation et de fertilisation, le transport des terres, qui ne se pratique pour ainsi dire que dans les pays de bonne culture, et est entièrement inconnu dans quelques autres. Ainsi on conçoit que les eaux, dans toutes les terres en pente, dépouillent chaque année les champs pour transporter les engrais et les meilleures terres dans les bas-fonds ; que, dans les terres qui ont peu de pente, la charrue transporte à chaque culture des terres et des engrais aux deux extrémités du champ. Dans l'un et l'autre cas, on sent la nécessité de rendre cette surabondance de terre des extrémités aux parties qui en ont été privées. Au moyen de tombereaux, la dépense de ce travail indispensable n'est pas à comparer aux bons effets qu'il produit ; les portions de terrain, ainsi couvertes, peuvent se passer de fumier pendant plusieurs années, et se feront remarquer par leur belle végétation : on ne saurait donc négliger ce moyen. Enfin, une précieuse ressource pour une ferme considérable sont les engrais végétaux ou récoltes enfouies en vert. Lorsqu'on a des terres légères, arides, crayeuses ou calcaires, et surtout d'un accès difficile aux voitures, on sème des plantes dans le but de les enfouir en vert ; on doit le faire en automne ou de bonne heure au printemps, afin qu'elles prennent plus de croissance pendant la saison humide.

Le sarrasin, le trèfle incarnat, et surtout un mélange de fèves et de vesces, sont les plantes préférables pour cet usage ; on les sème plus épais qu'à l'ordinaire, et on les enfouit par un trait de charrue, lorsqu'elles sont en pleine fleur. Souvent, si elles sont un peu fortes, on est obligé de faucher avant, et une personne qui suit la charrue tire également dans la raie ces herbes qui doivent fournir un engrais durable, et dont on obtient les meilleurs résultats.

On verra à l'article compost combien les ressources sont encore nombreuses pour augmenter les engrais, et un cultivateur intelligent ne doit en négliger aucune ; car sa culture péchera toujours par le défaut d'engrais et jamais par l'excès.

Composts.

On entend par compost un composé de tout ce qui, dans une ferme, ne peut s'employer directement comme engrais à raison de sa nature, ou des fâcheux effets qui en résulteraient. Ainsi les débris animaux, les chiendents, ou autres mauvaises herbes dont les racines vivaces se reproduisent facilement, les plantes ligneuses ou résistantes, les pailles de maïs, les terres des mares et des fossés, les balles des céréales, les ratissures de jardins, de cours et de chemins, les feuilles ; en un mot, mille débris dont le détail serait trop long, mais qui se trouvent chaque jour sous la main : toutes ces choses réunies forment un excellent engrais. Voici comment on doit les utiliser :

On fait de toutes ces matières, à mesure qu'elles se présentent, des dépôts en divers lieux, soit autour de la ferme, soit à l'extrémité d'un champ ; enfin, partout où, en les agglomérant, on évite des frais de transports, qui, joints à la main-d'œuvre, constituent la seule dépense de ces engrais si fertilisants. Lorsqu'on a réuni assez de matériaux pour former quelques mètres, on se procure de la chaux vive, environ un hectolitre pour trois à quatre mètres cubes de composts à faire (plus ou moins, selon la nature des choses qui doivent y entrer) : cette chaux doit être cassée à morceaux de la grosseur d'un œuf environ.

De toutes les matières qu'on a à sa disposition, on forme un premier lit avec un mélange de terre ; sur ce lit on met de la chaux, de manière à le garnir convenablement lorsqu'elle sera éteinte, en observant la proportion qu'on veut donner au mélange ; trop de chaux avec des matières sèches produirait une combustion qu'on doit éviter. On recouvre la chaux d'un second lit de terre et autres matières sur lequel on remet de la chaux, et ainsi de suite jusqu'à ce qu'on ait tout employé. Les herbes parasites qu'on veut décomposer entièrement, les plantes ligneuses, qui résistent davantage, seront, autant que possible, placées dans le centre du compost, et couvertes d'une plus forte proportion de chaux ; le tour devra être revêtu de terres qu'on a à sa portée et qui n'ont point de décomposition à subir. Le tas achevé, on fait, avec un pieu, plusieurs trous qui traversent la masse entière, qu'on arrose jusqu'à imbibition complète et jusqu'à ce que l'eau se montre de toutes parts ; alors avec de la terre on recouvre le tas, qu'on laisse ainsi s'échauffer quelques jours ; si on s'apercevait que le feu dût s'y mettre, ce qui se manifeste par l'odeur et une fumée noirâtre, on devrait se hâter de faire de nouveaux trous et d'arroser une seconde fois jusqu'à ce qu'il n'y ait plus de trace de feu. Au bout de huit à quinze jours, selon la consistance des plantes, on peut opérer, à la bêche ou à la pioche, le mélange de toutes les matières, ayant soin, si quelques portions ne sont pas décomposées, de les replacer dans le milieu. Au bout d'un mois ou six semaines, on recoupe de nouveau le mélange, qui sera d'autant meilleur, qu'après avoir été bien arrosé, il sera plus tôt, plus souvent et plus exactement divisé. Plus ce mélange sera ancien, meilleur il sera ; mais si on en a besoin au bout de trois mois et que les matières soient bien décomposées, il n'y a point d'inconvénient à l'employer. Ces composts sont plus précieux qu'on ne saurait le croire, surtout pour les prairies auxquelles ils doivent être spécialement destinés ; ils agissent comme engrais et comme amendement ; sur les prairies humides ils changent la nature des herbes qui y croissent et font disparaître les mousses ; en y ajoutant des cendres vitrioliques, on peut faire disparaître les joncs, les carex, les iris, les colchiques et autres plantes nuisibles.

La marne employée en plus grande quantité peut remplacer la chaux dans les composts ; mais si on ne peut disposer ni de l'un ni de l'autre de ces amendements pour hâter la décomposition des plantes, on peut également former des composts en les arrosant avec des matières fécales délayées, du purin, des urines ou tous autres liquides chargés de matières organiques ; des animaux morts mis au centre activent la fermentation et améliorent considérablement les composts.

Faits sans chaux et sans marne, les composts, bien qu'arrosés souvent, sont beaucoup plus longs à arriver à une décomposition complète ; on ne peut y toucher avant deux mois pour la première fois, afin d'en opérer le mélange, surtout s'ils contiennent des matières ligneuses ; on les remue à plusieurs reprises et on les emploie lorsqu'ils sont réduits à l'état de terreau parfait.

Les cultivateurs intelligents peuvent donc se procurer chaque année plusieurs centaines de mètres d'un engrais précieux, presque sans aucuns déboursés, surtout s'ils cultivent par eux-mêmes et par leur famille.

Dans la crainte du feu qui pourrait se communiquer par des composts mélangés de chaux, il est prudent de les éloigner des bâtiments ou des matières combustibles.

CHAPITRE V.

AMENDEMENTS.

Plâtre. — Chaux. — Marne. — Noir. — Écobuage.

Plâtre.

L'utilité du plâtre n'est contestée par personne ; sur les trèfles, les luzernes, les vesces et autres fourrages au moment où leurs feuilles couvrent la terre, il produit *presque* partout des effets étonnants. On doit choisir pour le répandre le moment où les plantes sont chargées de rosée afin qu'il s'en attache une partie aux feuilles.

Tout le monde connaît l'anecdote de Franklin, qui par l'effet du plâtre fit ressortir distinctement au milieu d'un champ de trèfle, en tiges plus vigoureuses, ces mots : *Ceci a été plâtré*. De là, on a tiré la conséquence que le plâtrage des prairies artificielles était partout indispensable. On ne peut laisser plus longtemps accréditer cette erreur, et pour ma part je puis dire, pour l'avoir essayé souvent, par le procédé dont nous venons de parler, qu'il est des terres où il ne produit aucun effet, pas plus sur les prairies artificielles que sur les céréales ou les prés. On doit donc toujours être en garde contre les idées préconçues d'une manière trop générale. Si un champ de trèfle plâtré est beau, on ne manque pas d'attribuer au plâtre cette riche végétation qui peut venir de là comme de toute autre cause, si on n'a point d'objet de comparaison. Il est donc prudent, d'après ce qui précède, de se réserver partout des moyens d'épreuve sur chaque champ d'une ferme. Sans cela on s'exposerait à dépenser quelquefois des sommes beaucoup plus utilement employées ailleurs. Dans le commerce on connaît trois sortes de plâtres : le gris, le blanc et celui à fumer; sous cette dernière dénomination on vend souvent un mélange qui n'a pour ainsi dire du plâtre que le nom, et qui, fût-il pur, serait encore beaucoup inférieur sous tous les rapports au plâtre gris à bâtir. Celui-ci coûte le double, il est vrai, mais il en faut moitié moins pour produire de meilleurs résultats; les frais d'épendage et de transports sont dans la même proportion; le choix ne saurait donc être douteux.

On doit laisser cette troisième qualité aux voisins de la plâtrière qui peuvent veiller à ce qu'elle ne soit pas trop falsifiée et qui n'ont pas de frais de transport à faire.

Il est encore d'autres manières d'employer utilement le plâtre en agriculture, en le mélangeant avec les fumiers dont il fixe l'ammoniaque, hâte la décomposition et augmente la qualité. Il sert aussi à désinfecter les vidanges et le purin; il en fixe les sels volatils.

La dose de plâtre pour ces opérations est d'environ deux kilogrammes par mètre cube de fumier ou de cinq cents grammes par hectolitre de liquide.

Chaux.

L'usage de la chaux s'est considérablement étendu depuis quelques années; on varie beaucoup sur la quantité à employer; on en met depuis trois cents jusqu'à dix hectolitres par hectare, selon les pays. On sent que la durée de ses effets sera toujours en raison de la quantité; il serait préférable cependant d'en mettre moins et d'y revenir plus souvent, que de compromettre des récoltes. Cinquante à soixante hectolitres sont une quantité suffisante, et ont encore l'avantage d'exiger une moindre mise de fonds.

Les terres argileuses, les terres blanches, aigres et froides, les sols tourbeux et marécageux (pourvu qu'ils soient bien égouttés et à sous-sol perméable) sont ceux qui en demandent le plus. Mais on peut en mettre aussi dans les terres sablonneuses et sèches qui ne sont pas calcaires.

On dispose la chaux vive sur le terrain à raison de cinq à six tas par hectolitres, d'autant plus gros et plus rapprochés qu'on devra en employer une plus grande quantité ; on recouvre ces tas avec de la terre, dont on fait un mélange dès qu'ils sont entièrement réduits en poudre. On répand ensuite la chaux ainsi préparée le plus également possible, et par des hersages répétés, des traits d'extirpateurs ou de légers labours, on la mélange de nouveau avec la surface du sol.

Un sol chaulé doit être fortement et fréquemment fumé les années suivantes, si on veut y maintenir une riche végétation. Un des grands avantages de la chaux, c'est qu'elle rend la paille ferme et empêche les blés de verser (je l'ai plus que jamais éprouvé cette année (1849), car au milieu de blés couchés de toutes parts dans des terres non chaulées, les miens étaient debout, et m'ont donné une grande quantité de grain lourd et bien nourri).

La chaux vive ne doit jamais se mettre en contact immédiat avec les engrais et moins encore servir à désinfecter les fosses à vidanges ou à purin; ce n'est point qu'elle ne remplisse ce dernier but, mais c'est au détriment de la fertilisation que produiraient ces matières.

Un procédé de désinfection qui fixe les sels ammoniacaux au lieu de les volatiliser, est l'emploi du sulfate de fer en poudre. Pour s'assurer de ces effets différents, on remarquera qu'en ajoutant de la chaux vive aux matières fécales il s'en dégage immédiatement, avec une fumée épaisse, une odeur repoussante; tandis qu'en y jetant du sulfate de fer, l'odeur disparaît sans qu'on en soit incommodé; on peut remplacer le sulfate de fer par du plâtre en poudre; on ajoute de l'un ou de l'autre en remuant, jusqu'à ce que l'odeur ait entièrement disparu.

Marne.

Dans quelques pays on fait le plus grand usage de la marne, et on pense qu'on ne pourrait s'en passer; on n'épargne aucune dépense pour s'en procurer; dans d'autres son nom est à peine connu, et cependant on en trouve presque partout. L'ignorance sur les moyens de la reconnaître ou de l'employer est donc la seule cause qui restreint à quelques pays l'usage d'un des amendements les plus utiles à l'agriculture. Rien n'est plus variable que l'aspect de la marne; on en voit de grises, de blanches, de verdâtres, de violettes, de bleues, de noirâtres et de couleurs variées; les unes sont à grains fins, d'autres présentent une pâte grossière, quelques unes sont feuilletées comme de l'ardoise, tandis que d'autres forment une masse compacte; on y remarque souvent des débris de coquillages ; d'autres fois on n'y en voit aucune trace. Les unes s'écrasent dans les doigts, d'autres sont aussi dures que de la pierre.

Pour reconnaître qu'une terre est de la marne, il faut en faire sécher un morceau de la grosseur d'une noix, le mettre dans un verre, y verser de l'eau jusqu'à ce qu'il baigne à moitié ou aux trois quarts ; toutes les marnes dans cet état se délitent et tombent plus ou moins lentement en bouillie au fond du verre sans qu'on les touche ; en sorte que toute substance qui ne produit pas cet effet n'est pas de la marne. Les marnes en pierre ne se délitent que très lentement, après avoir été humectées et séchées successivement jusqu'à ce qu'elles se réduisent en poudre fine. L'argile absorbe aussi de l'eau, s'y détrempe, mais ne tombe pas en bouillie, à moins qu'elle ne soit très maigre ; on ne peut donc reconnaître la marne à ce seul caractère. Pour s'assurer positivement qu'on a de la marne, on verse dans le verre où elle se trouve quelques gouttes de vitriol (acide sulfurique), ou de tout autre acide énergique, on agite l'eau avec une baguette de verre, et non de métal ; la marne produit alors un vif bouillonnement qui amène une grande quantité d'écume à la surface de l'eau.

Ainsi toutes les fois qu'une terre réunira ces deux caractères, on peut être assuré que c'est toujours de la marne.

Pour les essais on ne prend que des terres vierges, qui n'ont jamais été cultivées ou remuées ; et si on n'a point d'acides à sa disposition, on peut employer du vinaigre, pourvu qu'il soit très fort. C'est avec lui, au lieu d'eau, qu'on fait déliter la terre qui produit alors une effervescence presque aussi vive qu'avec l'acide.

Lorsqu'on s'est assuré qu'on a de la marne, comme elle n'agit qu'en raison de la chaux qu'elle contient, on doit s'assurer de sa quantité.

La terre qui ne contient que vingt pour cent de carbonate de chaux au plus, s'appelle argile marneuse.

Celle qui en contient de vingt à quarante pour cent s'appelle marne argileuse.

Celle qui en contient environ moitié de son poids s'appelle marne proprement dite.

Enfin celle dans laquelle domine le carbonate de chaux, et qui en contient de soixante à quatre-vingt-dix pour cent, s'appelle marne calcaire.

Les moyens de reconnaître la quantité de carbonate de chaux contenue dans une marne sont très simples. On pèse exactement cent parties de marne, après l'avoir fait parfaitement dessécher; on les met dans un verre avec un peu d'eau pour les faire déliter; on y verse ensuite de l'acide, on remue avec une baguette et on attend que l'effervescence soit passée; alors on verse encore quelques gouttes d'acide, peu à la fois, à diverses reprises, jusqu'à ce que les dernières gouttes ne produisent plus aucun effet; ensuite on emplit le verre avec de l'eau claire, on agite le tout et on laisse reposer. Lorsque la terre est bien déposée au fond du verre, et l'eau parfaitement claire, on la verse doucement afin qu'elle n'entraîne pas de terre après elle; on verse encore trois ou quatre fois de nouvelle eau dans le verre à plusieurs reprises et on la vide, comme on l'a dit, lorsqu'elle est bien claire, avec la plus grande précaution afin de ne point laisser échapper de terre. On continue ainsi le lavage jusqu'à ce que l'eau qu'on y emploie ne contienne plus d'acidité, ce dont on s'assure en en mettant de temps à autre sur sa langue ; alors on égoutte bien l'eau et on fait sécher la terre qu'on pèse exactement ; la diminution de poids qu'elle a éprouvée indique la quantité de carbonate qu'elle contenait. Ainsi les cent parties se trouvant réduites à vingt-cinq, on en concluera que la marne contient soixante-quinze pour cent de carbonate de chaux ; de sorte que c'est une marne calcaire. On doit encore savoir si la terre qui reste est argileuse ou sablonneuse, ce dont on s'assure en maniant la terre sèche entre les doigts ; en l'humectant d'un peu d'eau, on voit facilement si le sable ou l'argile y domine.

On comprend que la marne convient toujours mieux aux terres qui manquent des qualités qui lui sont propres, ainsi la marne argileuse convient aux terres sableuses, la marne sableuse aux terres argileuses, la marne calcaire aux terres argileuses principalement.

On ne doit jamais en donner à un terrain déjà marneux par lui-même.

Les sauges, les pas-d'âne, les ronces croissent abondamment et vigoureusement sur les sols qui recouvrent les bancs de marne ; ils doivent donc éveiller l'attention : on peut présumer qu'on y trouvera de la marne en y creusant.

La marne se transporte avant l'hiver ; on met jusqu'à deux à trois cents mètres cubes de marne calcaire par hectare en terre argileuse, quelquefois on en met moitié moins ; en général la quantité varie selon la nature des terres et la qualité de la marne. Plus la terre manque des principes contenus dans la marne, plus on doit en mettre; moins elle est pauvre, plus on diminue : elle doit, dans tous les cas, être proportionnée à la durée de l'effet qu'on veut produire ; ainsi on peut réduire à volonté la quantité de la marne, à condition d'y revenir plus souvent (un fort marnage se fait sentir de quinze à vingt-cinq ans).

Lorsque la marne est réduite en poudre on l'étend le plus également possible et on herse énergiquement à plusieurs reprises pour la mêler à la terre; on donne ensuite un léger labour, suivi si on le peut de l'extirpateur ou à son défaut de la herse, et on sème. Le marnage ne dispense pas du fumier; si la terre marnée est assez fertile, elle peut s'en passer la première année, peut-être la seconde, mais jamais la troisième; les sols pauvres et surtout les sols sablonneux doivent être fumés en même temps que marnés.

Il faut bien se garder de marner si on a le projet de se servir du noir animal.

Noir.

Les défrichements des terres de bruyère ont présenté jusqu'ici de grandes difficultés pour leur culture, leur ameublissement et leur fertilisation. L'emploi du noir animal est venu lever, en grande partie, toutes ces difficultés. Après un premier labour, dont les mottes ne restent pas trop grosses, ce qu'on obtient en diminuant, autant que possible, la tranche du labourage, on sème immédiatement sans engrais et sans autre préparation que celle qui suit : — Pour un hectare de terre, on prend la quantité de blé qu'on est dans l'usage de semer, on la mélange soigneusement à quatre ou cinq hectolitres de noir animal légèrement humecté, et on sème comme si ce n'était que du blé, mais en passant, à plusieurs reprises, sur chaque portion du champ, jusqu'à ce que le mélange soit entièrement employé.

On peut successivement semer, la deuxième année, des vesces ou du colza, avec trois hectolitres de noir, et, à la troisième année, un blé avec du trèfle et deux hectolitres de noir seulement; on fait suivre ces trois années d'une culture sarclée, bien fumée.

On a vu deux récoltes de blé successives produire, la première de vingt à vingt-cinq hectolitres de grain par hectare et la deuxième de vingt-cinq à trente hectolitres.

Une terre sur laquelle on veut employer le noir ne doit avoir reçu aucun amendement calcaire, elle ne doit avoir été ni chaulée, ni marnée, ni même écobuée. Il faut une terre de bruyère neuve.

On conçoit donc facilement combien le noir, qui ne revient qu'à 8 ou 10 francs l'hectolitre, est précieux pour ces terres, s'il dispense de nombreux labours, de frais de marnages énormes, et surtout s'il donne aux propriétaires des produits immédiats.

Comme tout progrès est lent à s'introduire, je conseillerai aux cultivateurs de tenter au moins l'emploi du noir sur quelques parcelles de leur exploitation, lorsqu'il s'y rencontrera des bruyères.

Écobuage.

L'écobuage s'emploie dans beaucoup de pays pour rompre une ancienne prairie ou pour mettre en culture des terres restées en friches et couvertes de gazon. Il consiste à écrouter, en été, la surface du sol à deux ou trois pouces au plus, selon l'épaisseur du gazon. Cette opération se fait soit à la main avec un instrument qu'on nomme écobue, soit avec une charrue destinée à cet usage. On retourne les gazons une ou deux fois, en les plaçant de manière à ce qu'ils soient soulevés et exposés à la double influence de l'air et du soleil; lorsqu'ils sont bien secs, on les dispose en petits tas, arrangés avec soin en forme de fourneau, laissant au milieu un vide où on place du fagotage auquel on met le feu. On recouvre de gazons les parties par où il s'échappe de la flamme, afin de concentrer la combustion, qu'on laisse s'achever lentement. Au bout de quelques jours, on répand sur toute la surface du sol les cendres et la terre brûlée, qu'on enterre immédiatement par un labour superficiel, et on sème. La navette, le colza, les vesces ou l'avoine sont les récoltes qui réussissent le mieux après l'écobuage; les récoltes suivantes doivent être fumées.

Les sols tourbeux, les terrains froids et les marais desséchés sont ceux qui présentent le plus d'avantage à l'écobuage.

Les prés situés en sols argileux ou de consistance moyenne, en sols crayeux ou calcaires, les vieux sainfoins, etc., peuvent aussi être écobués.

Les terrains sablonneux sont les seuls où ce procédé ne soit pas suivi d'effets avantageux. Dans tous les cas, on ne doit l'exécuter que lorsque les racines fibreuses des plantes sont assez nombreuses pour former un tissu serré.

CHAPITRE VI.

PRÉS.

Culture des prés. — Irrigations et assainissements. —
Emploi du sel.

Culture des prés.

La culture des prés est sans contredit la plus utile et
la plus lucrative ; je dis culture, et je le dis avec intention, car généralement dans les campagnes, à l'exception de quelques pays, on croit que ce genre de propriété ne demande aucun soin et qu'il n'y a qu'à récolter.
Cette erreur est des plus grossières : les prés demandent
au contraire des soins constants et journaliers. Bien
peu ont une surface très unie, quelques parties étant
trop élevées donnent peu de fourrages, d'autres trop
basses dans le même pré n'en donnent pas davantage, à
raison des eaux qui y séjournent au printemps ; dans
ces cas, qui sont très fréquents, le remède est à côté du
mal. Au mois de juillet ou d'août, si on transporte les
terres du haut dans le bas, on sera immédiatement
payé de ces frais ; en effet, avant l'automne, si on n'a
couvert l'herbe que de quelques pouces de terre bien
ameublie, elle aura bientôt reparu avec une vigueur
extrême, donnera l'aspect d'un pré ancien, et les produits, dès l'année suivante, dépasseront ceux qu'on
aurait obtenus des deux parties réunies. Aussitôt les

transports achevés, si le sous-sol est bon , on bêche la
partie du pré mise à nu ; exposée ainsi aux influences
atmosphériques et bien fumée, on pourra dès le printemps suivant semer de la graine de pré qui réussira
parfaitement ; si, au contraire, le sous-sol est mauvais,
on pourra attendre et remplacer la première récolte par
des pommes de terre, la seconde par des vesces pour
fourrage, et, à la troisième, on sèmera avec de la graine
de pré de l'avoine claire à faucher en vert. On voit que
je parle pour de petites étendues, en prescrivant cette
culture, afin de ne point se priver de pâturage si on est
dans l'habitude d'y avoir recours pour la nourriture
du bétail. Dans le cas contraire, et pour de grandes
étendues mises à nu, on peut adopter telle culture qu'il
conviendra. Si l'herbe était un peu claire dans la partie
recouverte de terre, on peut, au mois de septembre,
semer un choix de bonnes graines de pré, et à la fauchaison suivante les vides seront comblés. Là ne se
bornent point les soins à donner aux prés. Pour un
cultivateur soigneux de ses intérêts, les taupes, qu'on
ne peut détruire, et qui sont un véritable fléau pour son
voisin négligent et insoucieux, seront pour lui, j'ose
l'affirmer par expérience, un moyen de fertilité. En
effet, si une fois par semaine au moins une personne de
la ferme, chargée exclusivement de ce soin, répand avec
intelligence toutes les taupinières qui se reforment incessamment ; cette terre si meuble donne le moyen de
boucher à l'entour les trous formés par les pieds du
bétail, ou rechausse et améliore les parties sur lesquelles elle est répandue ; on voit ainsi qu'un cultivateur
intelligent peut quelquefois utiliser même ses ennemis

à son profit. En étendant les taupinières, on doit aussi étendre le crottin des chevaux et les fientes des autres bestiaux s'il y en a au pâturage. Si le bétail a un gardien, c'est lui qui doit être chargé de ce soin. De cette manière, au lieu de touffes d'herbe que le bétail repousse, on fume légèrement tout le pré d'une manière utile.

Il est un autre fléau pour les prés, c'est l'envahissement des mauvaises herbes, et ici je n'entrerai point dans une nomenclature botanique des plantes nuisibles ou inutiles ; je parle pour les hommes étrangers à la science ; ainsi j'indiquerai seulement les principales avec le moyen de les détruire. Je regarde comme la plus nuisible par ses résultats l'arrête-bœuf ; le nom seul suffit pour la faire reconnaître ; ses épines si aiguës et si multipliées éloignent les animaux qui ne peuvent atteindre l'herbe qui l'entoure. Les faucheurs évitent de le couper et laissent ainsi de l'herbe ; les chargeurs de foin, les botteleurs le redoutent dans leurs travaux et rejettent avec lui, dès qu'il se fait sentir, une poignée de foin ; enfin, le bétail laisse au râtelier ou dans la litière le foin qui y est attaché. Cette plante, comme on le voit, est celle qui occasionne le plus de perte aux cultivateurs ; cependant on la trouve partout. Et qui n'a vu des prés en être entièrement envahis ? La raison est dans la difficulté de détruire cette plante, dont les racines, d'une extrême profondeur, repoussent dès qu'il en reste un fragment en terre ; aussi les instruments habituels de culture sont je dirai presque impuissants pour s'en débarrasser, ou il faut faire des fouilles considérables qui détruisent le pré, et ses graines nombreuses la multiplient à l'infini. Je vais indiquer un moyen prompt et infaillible de la détruire en très peu de temps. J'ai fait faire depuis quelques années un instrument d'une extrême simplicité que peuvent exécuter avec facilité tous les maréchaux de campagne. Tout le monde connaît une pince plate dentelée à l'usage des ferblantiers et autres ouvriers qui travaillent le fil de fer; c'est une forte pince de ce genre ayant quatre à cinq centimètres de large emmanchée de bras de soixante-dix à quatre-vingts centimètres de longueur. Voici comment on doit opérer : en hiver, après une forte gelée, on saisit le moment où le dégel est complet, après que la terre est ressuyée, sans lui avoir donné le temps de se raffermir (je suppose qu'à la fauchaison on a laissé les tiges sur pied, afin de mieux les retrouver l'hiver); avec une pioche à dents on donne un coup, de manière à placer la plante entre les deux dents, afin de ne pas la couper, on soulève le gazon et on le renverse; le collet de la plante restant ainsi à découvert, on le saisit avec la pince et on tire verticalement et sans secousse, afin de ne point casser la racine ; elle vient entière jusqu'à la portion la plus mince qui se termine à la grosseur d'un fil et que j'ai vu souvent dépasser un mètre de longueur; on est ainsi certain qu'elle ne repoussera pas. Cette opération demande peu de temps et est très peu coûteuse. Renouvelée pendant quelques années pour les plantes qui ont échappé ou qui s'étaient semées, on est bientôt entièrement débarrassé de ce si grand ennemi des prés secs.

Une autre plante moins nuisible, mais qui finit par envahir quelques prés, c'est le colchique, tue-chien ou *veilles* (nom qu'on lui donne en certains pays) ; elle fleurit à l'automne, et donne, au printemps suivant, sa graine et des feuilles larges et épaisses ; sa racine ou bulbe est un oignon semblable à celui de la tulipe ; j'ai essayé d'arracher à la main au printemps les feuilles qui dominent l'herbe longtemps avant qu'elle ne monte, ce moyen fait pourrir l'oignon principal et la plante disparaît la première année, pousse faiblement la seconde, mais ne tarde pas à reparaître. Un instrument très simple et plus facile encore à établir que celui que nous venons d'indiquer donne le moyen de la détruire ; c'est une espèce de houlette ou de cuillère dans le genre de celles dont se servent les sabotiers : en la glissant, lorsque la terre est douce, à trois ou quatre centimètres de la tige du colchique, et, à la profondeur nécessaire, on soulève l'oignon sans nuire au pré, et on arrive ainsi promptement et facilement à se défaire de cette plante nuisible et parasite.

Restent les autres plantes qui ne sont point du goût des bestiaux et qui envahissent les prés au détriment des bonnes herbes. Sans entrer dans des détails sur chacune d'elles, tous les cultivateurs les connaissant, soit parce qu'elles restent intactes dans les pâturages, soit parce que les animaux les rejettent à l'étable, je me bornerai à conseiller d'employer tous les moyens connus pour les détruire, et entre autres celui de veiller à empêcher la semence de se reproduire, c'est-à-dire de les arracher avant la maturité de la graine, pour celles qu'on ne peut reconnaître dans le pré après la fauchaison ; telles sont : l'oseille, la patience, etc. Si des plantes à racines traçantes, telles que les mauves, les orties, la menthe, la sauge, la mélisse, s'étendent d'une manière sensible, on ne doit pas hésiter à les enlever en cultivant l'espace envahi, soit pour y mettre des pommes de terre si l'espace en vaut la peine, soit uniquement pour les détruire en les attaquant de nouveau chaque fois qu'elles reparaissent ; après quoi on sème de la graine de pré.

La fougère se détruit par l'arrosage et la culture de l'espace qu'elle occupe.

La mousse se détruit par des hersages énergiques répétés, par l'assainissement suivi de l'emploi de la cendre, de la chaux, de la suie, et mieux encore, si l'espace qu'elle occupe et la disposition des lieux le permettent, par le transport de terres qui l'étouffent et favorisent le développement des bonnes herbes du pré ; on emploie aussi le purin. Quant aux laiches, aux joncs de toutes espèces, ils disparaissent par un assainissement complet et l'emploi de la chaux en poudre.

En résumé, il y a toujours avantage à prévenir l'envahissement de toutes les plantes nuisibles en les attaquant dès leur apparition.

Dans les prés clos de haies vives, on doit en faire soigneusement le tour chaque année afin d'éviter, en les extirpant, l'envahissement des ronces et autres plantes qui, en quelques années, s'étendent à une grande distance.

Dans les prés secs on doit surtout, lorsqu'ils sont à proximité d'un village ou de la ferme, attirer avec le plus grand soin, en les réunissant, toutes les eaux pluviales qu'on peut y conduire ; et les changer de place si on le peut.

Dans les prés irrigables, un des habitants de la ferme devra avoir seul exclusivement le soin de l'irrigation, et chaque jour il devra visiter soigneusement les fossés et les rigoles afin de diriger les eaux de la manière la plus profitable. Il est inutile de dire que ces soins doivent être confiés au plus intelligent. A l'article Irrigation, nous en ferons connaître la théorie.

Dans les prés trop humides après l'exécution des travaux d'assainissement qui sont indispensables, et toujours largement payés, les mêmes soins devront être apportés pour l'entretien des fossés et rigoles d'assainissement.

Chez tous les cultivateurs soigneux et intelligents, les balles des céréales qui ne sont point données au bétail sont réservées, après avoir été converties en fumier, pour les récoltes sarclées; mais comme dans la grande quantité de mauvaises graines qu'elles contiennent, beaucoup conservent leur faculté germinative pendant plusieurs années, reparaissent après un certain temps, et qu'il est toujours dans les prés d'un domaine bien des parties maigres qui ont besoin d'engrais, on ne saurait trop recommander à ces cultivateurs d'en faire un meilleur usage, c'est-à-dire d'éloigner ces balles des fumiers de la ferme, en les faisant pourrir séparément, soit en composts, soit autrement, pour les transporter chaque année avec les balayures des fenils, dans les parties des prés qui en ont besoin. Ce détournement au profit des prés où les plantes nuisibles aux céréales ne se reproduisent pas est largement payé par l'augmentation de fourrages; et ces soins, je le répète, doivent entrer dans la direction de toute exploitation bien dirigée.

J'ai vu des prés traités avec tous les soins que je viens d'indiquer, tripler de produits en quelques années. C'est donc avec raison que j'ai dit que les prés avaient besoin de culture.

Les meilleurs engrais pour les prés sont les boues de villes, les cendres, la suie et les composts de chaux, qui ne doivent pas être mis dans les parties trop humides.

Fauchaison et fenaison.

Après avoir parlé de la manière d'augmenter les produits des prés, viennent les soins à donner à leur récolte.

Une première condition c'est d'avoir de bons faucheurs qui rasent bien l'herbe des prés, car un pouce d'herbe près de terre produit bien plus que les autres. On doit faucher dès que la majeure partie des bonnes plantes sont en fleur, plus tard on perd beaucoup en qualité. Si le personnel d'une ferme n'est point suffisant, ce qui arrive presque toujours pour la récolte des foins, un cultivateur prévoyant aura soin de réserver des sarclages à faire pour cette époque, afin d'avoir le plus de monde possible à sa disposition aux heures où il faut s'occuper activement des foins dont la qualité est toujours en proportion avec la promptitude qui a été mise à les préparer et à les rentrer ; quelques minutes de retard ont souvent occasionné les pertes les plus considérables.

Presque partout on emploie une méthode lente et coûteuse pour la dessiccation des foins; on pense que des faneuses en grand nombre doivent suivre les faucheurs. Je vais indiquer une marche toute contraire que j'ai adoptée dans ma pratique, qui a été suivie de tous mes voisins et dont j'ai toujours obtenu un entier succès. Au lieu de faire entrer les faneuses dans les prés le jour de la fauchaison pour faire étendre les andains, j'attends le second jour, quelquefois le troisième, afin que l'air et le soleil aient fait évaporer l'eau de végétation, et que le foin ait en quelque sorte perdu sa vitalité ; si le temps n'est pas certain, on peut sans inconvénient attendre plus longtemps ; si au contraire on peut compter sur une belle journée, dès que la rosée ne couvre plus le pré, on appelle en toute hâte tout le monde dont on peut disposer ; alors, sous la surveillance incessante du maître ou de quelqu'un sur qui on puisse compter, on fait secouer, diviser et étendre avec un soin minutieux toutes les parties du foin, de manière à ce qu'il ne reste pas une seule poignée de foin agglomérée. Cette opération est *longue, minutieuse, dispendieuse même en apparence*, surtout dans les pays où les faneuses passent, on peut dire en courant et en jouant, d'un bout du pré à l'autre, en secouant et jetant derrière elles le foin à peine divisé, pour se reposer après cette opération qu'on recommence au bout de quelques heures et qui, à l'exception des temps extrêmement chauds, dure ainsi deux ou trois jours, si même des pluies ne viennent la prolonger ; mais on va voir au contraire combien elle est expéditive et économique. Après la division exacte dont je viens de parler, le foin qui déjà avait un commencement de dessiccation reste soulevé et achève de sécher, autant par l'air que par le soleil, et sans perdre sa couleur verte, avec une telle promptitude que quelques heures suffisent, sans qu'il soit besoin de le retourner ou bien rarement, et seulement tandis que les ouvriers arrivent au bout de la tâche qu'on leur a imposée, c'est-à-dire au bout de la portion qu'on se propose de rentrer le soir. Puis au lieu de rejoindre le foin en tas pour le chargement, les ouvriers revenant où ils avaient commencé le rejoignent en lignes, à gros rouleaux, de manière à ce qu'un char passant entre deux puisse les enlever ensemble au moyen de deux chargeurs sur le char, deux ouvriers pour tendre le foin, et deux râteleuses. On comprend que dans les pays où on est dans l'usage de botteler toute espèce de fourrage sur le pré, on met le foin en meules au lieu de le charger. Si on doit rentrer le foin le soir même, on le serre peu dans les rouleaux pour le laisser exposé jusqu'au dernier moment à l'action de l'air et du soleil; si au contraire quelques parties doivent passer la nuit, on serre les rouleaux de manière à laisser le moins de foin possible exposé à la rosée ou à la pluie s'il en survenait, et en cas de pluie imminente, on fait des meules comme cela se pratique ordinairement.

Si le temps est pluvieux on peut sans inconvénient laisser le foin en andains pendant cinq à six jours. Un fait que je dois citer ne laissera plus aucun doute sur l'avantage de la méthode que j'indique : dans une année orageuse, après plusieurs jours de pluie, le temps, un jour, avait été incertain jusqu'à midi, à une heure le soleil était chaud et piquant, le ciel bleu, et les foins fauchés depuis longtemps avaient besoin d'air ; je rassemblai à la hâte mes ouvriers, le foin fut traité à ma manière et le soir je rentrais un foin vert et savoureux, qui sans être peut-être aussi sec qu'on eût pu le désirer n'a pas éprouvé la moindre altération. Des voisins avaient sur le pré des foins auxquels ils étaient occupés depuis plusieurs jours, qu'ils ne purent serrer et qui la nuit même furent pris par une nouvelle pluie d'orage.

Ainsi économie de temps et d'argent, meilleure qualité des fourrages, tels sont les avantages que dix années d'expérience me permettent d'assurer à ceux qui emploieront cette méthode.

Manière de serrer les fourrages.

On ne sait pas généralement toute l'importance qu'on doit attacher à la manière d'emmagasiner les fourrages; une fois hors du pré on croit que tout est sauvé, tandis que de cette opération dépend souvent encore la qualité. Si le foin n'a pas été rentré très sec, on pense qu'il faut donner de l'air au fenil. Quel que soit l'état des fourrages et plus encore lorsqu'ils sont imparfaitement secs, on doit en les rangeant tasser également avec le plus grand soin chaque lit qu'on fait sur le fenil (ou sur la meule si on place les foins dehors), afin d'empêcher l'air d'y pénétrer. Lorsque le dernier char est déchargé on couvre toute la masse d'un lit de paille et on ferme avec soin toutes les ouvertures, car si l'air pénètre dans le foin il est bien plus sujet à se gâter. En peu de temps il s'établit une fermentation d'autant plus grande que les foins étaient plus humides, le dessus de la masse semble avoir été arrosé et devoir être perdu : il faut bien se garder de toucher du fourrage en cet état, c'est la chaleur qui s'est produite dans la masse, qui a chassé l'humidité à l'extérieur et en achèvera bientôt l'évaporation. Presque dans toutes les fermes on a des prés qui se fauchent longtemps avant les autres, soit parce qu'une végétation trop vigoureuse fait coucher l'herbe, soit parce qu'on a besoin d'herbe ou de pâturage pour de jeunes bêtes ; il est bon de mettre ces foins à part, car si au moment où on rentre les autres, la fermentation était assez avancée pour que l'humidité se fît déjà apercevoir à la surface, on serait certain de perdre une partie de cette première récolte par la pourriture ou la moisissure, en concentrant l'humidité.

Si les foins sont rentrés trop humides, s'ils sont rouillés, ou sortent de prés marécageux, s'ils sont de mauvaise ou médiocre qualité, on ne saurait trop recommander l'usage du sel. Voici comment on l'emploie : pendant qu'on décharge les foins, à chaque lit de vingt-cinq à trente centimètres d'épaisseur, un homme répand également partout du sel le plus sec et le plus fin possible; la même personne doit toujours être chargée de cette opération, qui doit être faite et calculée de manière à ce qu'il se trouve environ de trente à quarante grammes de sel par botte de dix livres ; calcul qui n'est pas bien difficile à faire, car si on n'a pas de bascule à peser, ce qui n'est pas indispensable, un cultivateur sait toujours apprécier approximativement le poids d'un char de foin ; ainsi pour un char de mille kilogrammes on prendra de six à sept kilogrammes de sel ; on sent qu'une scrupuleuse exactitude n'est pas de rigueur.

Dans quelques pays on fait du foin brun qu'on prétend être meilleur pour l'engraissement des bœufs; mais comme du foin brun au foin pourri il n'y a qu'un pas, on peut laisser cette méthode (qui d'ailleurs ne peut offrir de bien grands avantages) aux pays qui en ont l'usage.

Cette manière d'employer le sel évite une grande perte de temps chaque jour, et est par conséquent beaucoup moins dispendieuse que toute autre. On a vu les plus mauvais foins étant salés être mangés avec avidité par le bétail; on doit donc juger toute l'utilité du sel pour les foins avariés ou de mauvaise qualité.

On doit encore faire usage du sel, quelle que soit la qualité du fourrage à employer, pour les races ovines et bovines, si on a beaucoup de racines à faire entrer dans leur nourriture; deux à trois onces par jour suffisent pour un bœuf.

Faire les regains.

Pour un cultivateur qui a des foins et de grands travaux à faire, la façon des regains est dispendieuse et demande beaucoup de temps; aussi il y a toujours avantage à les donner à faire au quart, au tiers ou à la moitié, selon qu'ils sont abondants. Pour le regain, plus encore que pour le foin, il faut de bons faucheurs, car dans une herbe aussi courte on peut perdre une partie considérable du produit si on ne fauche pas bien également et bien ras. La dessiccation des regains est souvent très longue et très difficile, à raison de la saison avancée dans laquelle ils se font : on doit toujours y mélanger de la paille, environ en volume égal, soit dans le pré, soit sur le fenil, en déchargeant; la paille empêche le regain de se gâter, et le regain, en échange, communique une saveur agréable à la paille, ce qui augmente les ressources pour l'hiver. On doit saler le regain comme le foin et le tasser fortement pour le priver d'air.

Si, malgré toutes les précautions qu'on aura prises, on avait des foins moisis ou rouillés, il serait bon de les battre au fléau ou de les passer à la machine à battre pour en ôter toute la poussière.

Si, au lieu de regains, on fait pâturer ses prés, il serait avantageux de faire des séparations mobiles comme les parcs des moutons, afin de ne pas tout livrer à la fois aux animaux.

Si un pré en sol fertile est envahi par les mauvaises herbes au point qu'on ne puisse les détruire, il y a avantage à le rompre pour le mettre en culture. On peut, en variant les récoltes, en obtenir successivement de très belles sans fumure pendant quelques années.

On doit commencer la culture par les plantes qui se contentent d'un seul labour, à moins que pour rompre le pré on ait employé, l'écobuage ; tels sont le lin, les fèves, l'avoine, le colza, etc. A la deuxième année, il faudra toujours une récolte sarclée pour achever de briser les gazons et de détruire toutes les herbes qui pourraient pousser. Si on veut rétablir le pré, à la troisième année, on sème un blé ou une nouvelle avoine avec les graines.

Quelquefois aussi on veut convertir une terre arable en prés ; je vais faire connaître les précautions à prendre dans ces deux cas.

Soit qu'on veuille en rétablir, soit qu'on veuille en créer de nouveaux, on doit apporter un grand soin au choix et à la qualité des graines, éprouver leur faculté germinative et choisir les espèces selon la nature de la terre.

Les graines de pré se sèment en mars ou avril dans de

l'avoine très claire, qu'il serait plus avantageux de faucher pour fourrage que de récolter pour le grain. On peut encore les semer seules, en août ou septembre, afin d'avoir une récolte dès l'année suivante. Dans l'un ou l'autre cas, les graines étant très fines, le terrain ne saurait être trop bien nivelé, ameubli et préparé, on ne les recouvre que très légèrement à la herse, au râteau ou même on se contente du rouleau, qui est toujours utile après les autres opérations. Lorsque le pré est bien repris, à la seconde année, on le fait pâturer par des moutons qui, rasant l'herbe de très près, la font taller et épaissir.

Ainsi, s'il est question de créer un pré en sol frais ou humide, on choisira les espèces suivantes :

1° Agrostis traçante ou traînasse, ou fiorin des Anglais : végétation tardive, lieux frais, semence très fine, de 4 et demi à 5 kilogrammes par hectare.

2° Le pâturin aquatique : 50 à 60 kilogrammes.

3° La fétuque des prés, tardive : lieux bas, 50 kilogrammes à l'hectare.

4° Houque laineuse : lieux bas, 25 kilogrammes à l'hectare.

Les espèces qui réussissent presque partout, sont :

1° Le fromental, hâtif : 100 kilogrammes à l'hectare.

2° Le dactycle pelotonné, hâtif : 40 kilogrammes à l'hectare.

3° La fléole des prés : 20 à 25 kilogrammes à l'hectare.

4° L'ivraie vivace, hâtive : 40 kilogrammes à l'hectare.

5° Le pâturin des prés, hâtif : 20 kilogrammes à l'hectare.

6° Le vulpin : 20 kilogrammes ; et le brôme : 50.

Les quantités indiquées par hectare sont pour chaque espèce semée seule ; en les mélangeant, pour former un bon pré, on prendra donc les proportions convenables à un bon ensemencement.

On doit toujours associer aux graminées qu'on vient d'indiquer quelques légumineuses qui se trouvent dans les bons prés, telles que 5 à 6 kilogrammes de trèfle commun ou de luzerne, 2 à 3 kilogrammes de trèfle blanc et autant de lupuline. On ne diminuera pas pour cela la quantité des graminées, car on doit moins craindre de semer trop épais que trop clair.

On ne doit pas semer à la fois les graines légères et les graines fines et pesantes ; on doit faire un mélange de ces deux espèces et les semer séparément avec le même soin qu'on mettrait à semer un trèfle ou une luzerne.

On pourra encore ajouter les fenasses de la ferme conservées avec soin sur les fenils.

On voit, par ce long article, toute l'importance qu'on doit attacher aux prés et à leur culture. Je dirai donc, en finissant, à ceux qui d'habitude s'en occupent si peu, qu'avec tous les soins que j'ai indiqués on peut facilement en peu de temps, et j'en ai l'expérience, plus que doubler le produit d'un pré négligé ; et cette récolte, base de toute agriculture, est trop précieuse pour que ces conseils ne soient point entendus.

Irrigations.

De tous les moyens d'améliorations qui nous sont offerts en agriculture, l'irrigation est sans contredit le plus puissant, le plus efficace et le moins dispendieux lorsqu'il ne s'agit pas d'exécuter de grands travaux ; cependant, dans beaucoup de pays, on n'utilise qu'une très faible partie des eaux et seulement celles que la nature a placées de telle sorte qu'elles n'ont pour ainsi dire qu'à suivre leurs cours ; il y a un immense intérêt à n'en pas perdre et à les bien diriger.

Les meilleures eaux sont les eaux de rivière ou de ruisseau ; habituellement elles charrient des matières animales et végétales en décomposition ; après des pluies surtout, elles deviennent troubles et dans cet état elles procurent au sol une extrême fertilité. Lorsque l'herbe a une certaine hauteur, on doit éviter l'immersion des eaux ainsi chargées avec autant de soin qu'on en met aux autres époques à la favoriser, car le limon s'attache à l'herbe et produit ce qu'on appelle la rouille, dont la poussière est si nuisible au bétail. (C'est ce foin rouillé qu'il est indispensable de battre et de saler, comme je l'ai dit à l'article Fenaison.) Mais si on peut s'en rendre maître, l'irrigation par infiltration est fort utile à cette époque. Toutes les eaux peuvent être employées aux irrigations, seulement il y a quelques distinctions à faire ; les eaux de sources sortant de coteaux marneux ou calcaires sont d'autant meilleures qu'elles sont employées plus près de leur source, à raison des principes calcaires qu'elles contiennent. Les moins bonnes sont celles qui sortent des montagnes composées de grès ou de granit, mais elles s'emploient encore très utilement surtout à quelque distance de leur source, après avoir coulé à la surface du sol.

Avant d'entreprendre de grands travaux d'irrigations

il faut connaître la quantité d'eau dont on peut disposer, afin de ne point s'exposer à des travaux inutiles; il
faut toujours plus d'eau qu'on ne pense. Ainsi, si on ne
peut arroser une prairie entière, il est inutile de la sil-
lonner de rigoles dans les parties où il n'arriverait pas
d'eau; ce serait perdre à la fois de l'herbe, du temps
et de l'argent.

Lorsqu'on a des eaux à utiliser, il faut niveler son
terrain autant qu'il est possible, puis tracer des lignes
de niveau en partant du point le plus élevé où on peut
prendre les eaux; si le terrain a peu de pente, une rigole principale pratiquée dans la partie supérieure permet, au moyen de rigoles secondaires, un arrosement
régulier. Un à deux millimètres de pente par mètre suffisent, mais il faut diriger les eaux vers la partie où
l'écoulement peut-être le plus facile, car leur stagnation
dans un pré est aussi pernicieuse que leur passage est
utile. Si la pente est considérable, les rigoles devront
toutes être dirigées obliquement aux pentes afin d'empêcher le débordement qui ravinerait et mettrait bientôt
à nu les parties supérieures. Les eaux de ces rigoles
devront être reçues de distance en distance dans des rigoles principales, pour recevoir de nouvelles direc-
tions.

Lorsqu'on n'a pas beaucoup d'eau à sa disposition il
est avantageux d'arroser d'abord les plus sèches et les
plus mauvaises parties d'une prairie, car les effets de
l'irrigation y seront bien plus sensibles et plus profitables
sur une partie sèche, que sur une partie déjà pourvue
d'humidité. Pour distribuer l'eau des rigoles, il suffit,
comme on le sait, de petits barrages mobiles en planches

ou de gazons réservés pour cela. Sur une terre couverte de bruyères ou de fougères, l'eau les fait disparaître et produit les plus heureux effets.

Les étangs marécageux bien desséchés, s'ils sont en pente, acquièrent une extrême fertilité par les irrigations; car ils ont ordinairement beaucoup à souffrir de la sécheresse; on ne doit donc reculer que devant de trop grands sacrifices, si on peut y amener de l'eau; les rigoles doivent toujours être aussi étroites que possible afin de ménager la surface du sol. Si le terrain qu'on veut arroser n'a pas de pente et qu'on puisse diriger les eaux dans une maîtresse rigole qui règne en tête de toute la pièce, on aura dû former à la charrue des planches régulièrement bombées de dix à quinze mètres de large avec une hauteur de trente à quarante centimètres au milieu; on fera au sommet des ados, des rigoles peu profondes qui prendront les eaux au même niveau dans la maîtresse rigole et les déverseront également sur les deux pentes des planches, dont la jonction forme au bas une espèce de rigole de desséchement qui peut conduire toutes ces eaux dans une seconde maîtresse rigole destinée à les recevoir, et d'où on peut diriger de nouveau des eaux selon les besoins.

On conçoit que dans les sols sablonneux les rigoles d'irrigations seront plus éloignées que dans les sols argileux, les premiers ressentant bien plus facilement les effets de l'irrigation par infiltration.

Ce cadre ne permet pas de s'étendre sur les moyens artificiels d'irrigation, et sur les travaux d'arts pour y arriver; assez d'auteurs ont traité ce sujet, et comme il a été dit, cet ouvrage est destiné uniquement

aux petits propriétaires et aux cultivateurs, qui ne pourraient entreprendre de trop grands travaux.

Reste à indiquer l'emploi judicieux qu'on doit faire
des eaux. En automne, on peut laisser l'eau dans les
prairies plus longtemps qu'à toute autre époque, sans
inconvénient ; cependant il est bon de l'ôter de temps en
temps pour laisser ressuyer le sol. Pendant l'hiver, on
doit veiller les prés avec le plus grand soin, et lorsqu'on
prévoit des gelées, l'eau doit être courante sur le pré,
ou on doit l'avoir ôtée assez longtemps d'avance pour
que le sol soit parfaitement ressuyé ; afin, dans ces deux
cas, d'éviter les fâcheux effets des gelées sur un pré
humide.

Au printemps, on ne doit laisser l'eau que pendant
quelques jours, quatre ou cinq au plus, et à mesure que
la température s'échauffe, diminuer le temps jusqu'à
ne laisser l'eau qu'une nuit. Chaque fois qu'on suspend
une irrigation, on ne doit remettre l'eau que lorsque la
terre est parfaitement égouttée.

Pendant les fortes chaleurs, à l'approche de la fenaison,
on ne doit arroser que la nuit et une sur quatre ou cinq,
selon l'abondance des eaux et la nature du sol ; il faut
surtout supprimer toute irrigation quelques jours avant
la récolte, de manière à ce que le terrain soit parfaitement sec, afin d'éviter les dégâts occasionnés dans les
prés mouillés par les roues des voitures et les pieds des
animaux, qui font d'autant plus de mal qu'il en faut un
plus grand nombre pour sortir les foins. Après la fenaison, on met l'eau pendant quelques jours dans les prés,
pour bien tremper la terre, et ensuite on ne l'y laisse
que les nuits.

Dès qu'on aperçoit une écume blanche sur un terrain arrosé, on peut être certain que l'eau y est restée trop longtemps et que l'herbe a déjà souffert; on doit donc se hâter de la retirer, et prendre ses mesures pour qu'un effet semblable ne se reproduise pas.

Les eaux pluviales dont nous n'avons pas encore parlé, parce qu'elles ne peuvent pas être regardées comme ressources permanentes d'arrosements, sont cependant les plus précieuses, et peuvent être regardées comme un véritable engrais par toutes les matières fertilisantes qu'elles entraînent avec elles; aussi doit-on prendre le plus grand soin d'en faire profiter les prés, tout en se réservant la facilité de leur donner une autre direction lorsqu'après un orage elles pourraient nuire, par leur dépôt, à des foins trop avancés; et à cet effet on aura préparé à l'avance un réservoir pour recevoir en passant le limon précieux dont elles étaient chargées.

Les assainissements sont tellement liés aux irrigations que je n'ai pas cru en devoir faire un article à part; en effet, les eaux stagnantes sont aussi nuisibles que les eaux courantes sont utiles; partout donc où il y a des eaux, après les avoir utilisées, on ne doit négliger aucun moyen de s'en débarrasser.

L'eau stagnante n'est pas seulement nuisible aux prés, mais elle l'est à toute espèce de récolte; ainsi dans les terrains à sous-sol imperméable, les travaux d'assainissement sont souvent plus dispendieux que ceux d'irrigation; et dans toutes terres accidentées plus ou moins perméables, après de longues pluies il reste toujours des eaux qu'il faut se hâter de faire disparaître.

Assainissements.

Les principaux travaux sont des fossés ouverts, qui procurent un assainissement certain, mais perdent une portion considérable de terrain et gênent la culture; des fossés garnis de grosses pierres dans le fond, recouvertes de petites et chargées de cinquante centimètres de terre; ou des fossés garnis de fagots de mauvais bois dans le fond, aussi recouverts de terre; tous ces moyens produisent de bons résultats; reste le drainage ou tuyaux en terre placés à une profondeur convenable (je me contenterai d'indiquer ce moyen qui est encore nouveau et mérite d'être propagé); enfin il faut une surveillance de tous les instants pour les rigoles et les sillons d'écoulement.

On voit d'après ce qui est dit à la culture des terres, à celle des prés et ici, que dans toute ferme bien dirigée et de quelque importance, le même individu doit être exclusivement chargé de l'assainissement des terres, de l'irrigation, et enfin de tous les soins que réclament les prés, soins que j'ai minutieusement indiqués. Surtout qu'on ne perde pas de vue que ces divers travaux demandent une surveillance de tous les instants et exigent un homme intelligent et intéressé au succès de l'exploitation; le soin des fumiers, l'inspection des bestiaux et enfin tous les détails de la ferme doivent être soumis à la même surveillance. Dans une ferme étendue, le fermier ne peut se charger de ces détails, il doit réserver tout son temps à la direction générale, dont il ne doit jamais être distrait; l'un de ses fils, ou à défaut un valet de confiance, doit le remplacer dans ces fonctions délicates.

Emploi du sel.

L'emploi direct du sel en agriculture est encore tellement controversé que je ne me permettrai pas de résoudre la question; elle est réservée tout entière à la science. Mais si on prouvait qu'il fut inutile pour les terres, ce que je ne suppose pas, il serait encore indispensable aux agriculteurs. Personne ne conteste que le sel donné aux animaux facilite leur digestion et aiguise leur appétit; les moutons et les bêtes à cornes sont ceux surtout auxquels on le donne de préférence.

Il y a plusieurs manières de le distribuer : aux moutons, on le mélange à leur ration de grains ou de racines; pour le gros bétail, à l'exemple des Suisses, quelques cultivateurs sont dans l'usage en arrivant au pansement du matin d'ouvrir la bouche de l'animal et d'y introduire à la main une poignée de sel fin, environ trente à quarante grammes ; le bétail est très friand de sel, cette méthode a l'avantage de le rendre doux et familier ; mais le sel étant, comme nous l'avons dit à l'article des prés, un moyen de corriger les effets malfaisants d'un mauvais fourrage, de faire manger avec plaisir au bétail celui qu'il eut rejeté, il est plus convenable de l'employer mélangé avec la nourriture ; car si on a des fourrages qui exigent beaucoup de sel par leur mauvaise qualité, on ne pourrait continuer la ration journalière sans s'exposer à nuire par excès à la santé des animaux.

Lorsqu'on donne au bétail des pulpes de betteraves, des résidus de féculeries, etc., il est indispensable d'y mêler du sel, et il est ainsi d'un effet plus sûr et plus immédiat. On doit donc l'appliquer de préférence aux aliments dont les mauvaises qualités ou les principes aqueux réclament sa présence.

Les chevaux, dont la nourriture est différente et qui ont l'estomac plus chaud, n'ont pas besoin de sel, l'usage habituel pourrait même leur être nuisible ; mais si on fait entrer dans leur ration des carottes ou des betteraves, une légère addition de sel ne sera pas inutile. On serait encore certain de détruire en grande partie les effets nuisibles d'un mauvais fourrage et de le leur faire manger sans répugnance si on était obligé d'en donner.

A ce sujet, je citerai un fait concluant, et qui m'est personnel : Quelques jours avant la récolte des foins, on avait retiré de dessus des fenils, de vieux foins si altérés par la moisissure et la vapeur des écuries, qu'on n'eût pas voulu en faire la litière en cet état aux plus mauvais bestiaux, de crainte de les fatiguer par la poussière qui s'en dégageait ; une partie était presque pourrie. Un pré était à proximité des bâtiments, on y fit passer tout le foin en le secouant fortement, il le fut de nouveau dans le pré. Dans la pensée que ces foins ainsi secoués et aérés pourraient peut-être s'utiliser l'hiver suivant en litières à petite quantité, on en fit une meule à laquelle on ajouta par lit du sel dans la proportion de trente à quarante grammes par botte de cinq kilogrammes, dans la crainte qu'il ne nuisît à la santé du bétail s'il venait à en manger ; puis on entoura la meule à une certaine distance de forts pieux et de perches, afin d'en éloigner des vaches, trois juments et leurs poulains qui passaient la nuit dans ce pré. A force de tentatives

pour arriver à la meule, les animaux finirent par renver-
ser l'obstacle et se mirent à manger ce mauvais foin avec
une véritable avidité ; on reconstruisit la barrière à plusieurs reprises, mais inutilement ; enfin, par lassitude,
on laissa faire, et la meule, qui pouvait contenir environ deux mille kilogrammes, disparut entièrement. Les
vaches, les juments et les poulains ne furent nullement
incommodés, et ils n'ont jamais été plus frais.

Ce fait prouve que le fourrage salé est fort du goût
des bestiaux, puisque aussi fortement altéré que celui
dont on vient de parler, ils le mangent même étant au
pâturage, et que, mélangé avec de la nourriture verte,
on peut le leur donner sans avoir à redouter d'accidents.

Le sel est donc fort utile à l'agriculture en bien des
circonstances et même indispensable quelquefois.

CHAPITRE VII.

PRAIRIES ARTIFICIELLES.

Luzerne. — Trèfles. — Lupuline. — Pimprenelle. — Sainfoin. — Spergule.

Luzerne.

La luzerne est sans contredit la plante fourragère la plus précieuse de celles que nous connaissons, mais elle est aussi la plus exigeante; elle demande un sol riche, meuble, profond et ne retenant pas l'eau, elle dure ainsi de six à quinze ans, et donne toujours deux à quatre coupes par années. Mais si la réunion de ces conditions est nécessaire pour l'entière réussite d'une luzerne, il ne s'ensuit pas qu'elle ne réussisse plus ou moins bien et ne dure cinq à six ans dans d'autres terres. Ainsi on a obtenu sur de hautes montagnes en sols argilo-calcaire peu profonds, des luzernes donnant toujours une première coupe abondante, et souvent deux autres passables. On en voit dans des sols sablonneux peu fertiles, enfin on en a eu dans presque tous les terrains où on l'a tentée. Mais comme elle demande toujours une culture profonde et soignée, des engrais abondants et qu'elle doit être en dehors de tout assolement on peut souvent lui substituer un trèfle ou toute autre plante formant prairie artificielle. La meilleure préparation se fait à la bêche.

On sème la luzerne à raison de douze à quinze kilogrammes par hectare, avant l'hiver ou au printemps, dans une céréale, orge ou avoine, très claire.

Dans le premier cas, assez tôt à la fin d'août où à la première quinzaine de septembre pour que le jeune plant soit assez fort pour résister à l'hiver ; dans le second, assez tard pour qu'une gelée de printemps ne la surprenne pas à sa sortie, ce qui lui est mortel.

Les récoltes associées aux luzernes donnent ordinairement des produits considérables qui indemnisent en grande partie des frais, ainsi on a vu des orges et des avoines produire jusqu'à cinquante et soixante fois la semence. Il est donc avantageux, quoi qu'on en ait pu dire, de semer la luzerne avec une céréale ; jamais je ne me suis aperçu qu'elle en ait souffert, souvent au contraire elle a été abritée contre les gelées ou la sécheresse, et toujours j'en ai obtenu de bonnes récoltes.

La luzerne est ordinairement une des premières ressources comme fourrage vert ; en mars ou avril il est utile de donner un hersage énergique qui équivaut à un sarclage, détruit la mousse et hâte la végétation ; à la suite, on épierre avec soin. Une luzerne coupée successivement en vert donne jusqu'à cinq coupes dans l'année.

Dans la plupart des terrains le plâtre produit un effet surprenant sur les luzernes comme sur les trèfles ; on l'emploie à la même dose en mesure que la semence de blé, on doit attendre pour le répandre le moment où la luzerne commence à couvrir la terre, et choisir l'instant de la rosée ou un temps humide sans être pluvieux, afin que le plâtre s'attache en partie aux feuilles. Cependant, sous peine d'induire les agriculteurs en erreur, je dois dire, et on peut l'affirmer sans craindre d'être démenti, qu'il est des terrains où le plâtre ne produit aucun effet (telles sont les terres calcarifères, surtout lorsqu'elles sont humides, tourbeuses ou acides), dans ce cas on peut remplacer le plâtre par la chaux en poudre; et pour s'en assurer, on peut se servir du même procédé qu'employa Franklin pour en faire connaître les bons résultats. Je l'ai éprouvé sur toute espèce de fourrages artificiels, de graminées et de céréales, et il ne me reste aucun doute à cet égard.

On a dit que si le plâtre ne produit aucune amélioration sur la prairie artificielle, la céréale qui la suit en ressent les effets; je crains que cette opinion soit un peu hasardée, et je pense que la céréale profite des détritus de la prairie et non du plâtre.

Le moment de faucher la luzerne est celui où la majeure partie entre en fleur, un peu plus tôt lorsqu'on la destine à la nourriture des vaches, un peu plus tard pour les chevaux; si elle est couchée ou qu'elle jaunisse dessous, soit à ce moment, soit pendant les chaleurs, il faut toujours se hâter de la couper.

Fenaison.

La luzerne, comme toutes les plantes des prés artificiels, demande de grands soins pour sa dessiccation. Cette considération n'a pas été un des moindres obstacles à son introduction dans la grande culture; en effet, combien de gens au lieu d'attribuer à leur incurie la mauvaise qualité de leur fourrage, l'attribuent plutôt à la nature de la plante, parce qu'elle demande plus de temps et de soins que l'herbe des prés naturels pour arriver à un état convenable de dessiccation.

4.

On ne doit pas faire toucher une luzerne le jour où elle est fauchée, il faut la laisser en andains au moins vingt-quatre ou trente-six heures si le temps est beau (s'il pleuvait on peut sans inconvénient la laisser pendant plusieurs jours); lorsqu'elle est restée ainsi, il y a toujours un commencement de dessiccation; c'est alors que pour éviter la chute des feuilles, et hâter la dessiccation complète, on doit apporter le plus grand soin dans la division exacte de la luzerne, au lieu de la secouer à peine en la retournant, comme cela se pratique ordinairement. Dans cet état la luzerne sèche rapidement; on doit ensuite la retourner avec précaution une seule fois et si la journée n'a pas suffi, la rejoindre le soir en lignes serrées, quatre ou cinq andains réunis, selon la quantité de fourrage ; étant presque sèche et bien divisée, elle reste ainsi soulevée et achève de sécher par l'air qu'elle reçoit, souvent sans qu'il soit besoin d'y toucher, ou au plus en l'ouvrant légèrement; on la charge ensuite le soir ou le matin à la rosée.

On conçoit, en effet, que si on étend négligemment la luzerne en la secouant à peine, elle reste en poignée qui ne sèchent que fort difficilement au milieu et qu'après qu'on les a retournées si souvent que plus de moitié des feuilles sont restées sur le sol, ou que si on rentre la luzerne lorsque ces poignées sont encore vertes, il en résulte cette moisissure superficielle qui donne une si mauvaise poussière lorsqu'on la remue, poussière nuisible au bétail et qu'on ne saurait trop éviter. Tandis que bien divisée le second jour, quel que soit le temps nécessaire pour cela, elle sèche plus également et plus promptement. Ainsi soignée et rentrée, la luzerne est un excellent fourrage.

Une bonne luzerne donne de huit à dix mille kilogrammes de foin sec, souvent plus ; elle dure de six à quinze ans. On ne doit récolter de graine que lorsqu'on veut la rompre dans l'année.

Le plus grand ennemi de la luzerne est la cuscute ; on a indiqué comme moyen de la détruire de faucher très souvent et très près de terre la partie qui en est infestée, afin d'empêcher la production de la graine. J'ajouterai que la chaux vive, répandue à ce moment, contribue encore à sa destruction ; mais le plus sûr moyen, celui auquel on doit recourir dès que la cuscute semble résister, c'est de circonscrire le mal et de l'extirper en cultivant non seulement la partie envahie, mais à une certaine distance autour. De même qu'on ampute un membre pour sauver le corps entier, on ne doit pas hésiter à sacrifier une petite partie pour sauver toute une luzerne. On peut d'ailleurs en semer de nouveau après un an au plus de cultures répétées.

La luzerne est moins dangereuse que le trèfle pour la météorisation. Donnée en vert elle est d'une très grande ressource ; on devrait toujours en avoir quelques hectares autour d'une ferme où l'on pourrait couper toute l'année. Cent kilogrammes de luzerne verte équivalent à vingt-cinq kilogrammes de foin ; sèche elle lui est égale en valeur.

Trèfles.

Le trèfle commun peut se semer sur toutes les terres où on récolte des céréales, et sa réussite est dans la même proportion. Il se sème avant l'hiver dans un sarrasin au dernier sarclage, ou dans une céréale semée en septembre ; le plus souvent, cependant, on attend au printemps, et c'est alors dans un blé repris ou dans une céréale, orge ou avoine, préalablement semée et recouverte comme à l'ordinaire. On emploie de douze à quinze kilogrammes par hectare, qu'on recouvre légèrement avec une herse de bois ou une claie d'épines. Une forte pluie suffit même quelquefois. Mais si le temps est sec il faut la recouvrir avec soin, car si elle tarde à lever les oiseaux en mangent une partie.

On a conseillé de ne pas se contenter toujours de cette quantité de graine, cependant l'observation a prouvé que si le temps est très favorable moitié de cette dose pourrait suffire, tandis que si la saison est contraire il ne lève souvent pas un grain ; on s'expose donc presque toujours à avoir un trèfle trop épais, qui, dans ce cas, jaunit promptement et ne monte pas, ce qui est une perte considérable soit pour la quantité, soit pour la qualité, surtout s'il est destiné à des chevaux.

Une bonne manière encore de semer le trèfle, c'est dans une avoine ou une orge destinée à être fauchée en vert. Semé de bonne heure, on peut avoir deux coupes de céréale et une coupe de trèfle à l'automne.

La plus grande précaution à observer, c'est de ne semer de trèfle que dans des terres parfaitement propres. Si un trèfle est beau il améliore le sol et étouffe les mauvaises herbes ; s'il est mauvais, au contraire, il ne donne qu'un chétif produit et laisse le terrain plus pauvre et plus sale qu'avant.

Les effets du plâtre sur le trèfle sont encore plus sensibles que sur les autres fourrages, cependant ils sont également nuls dans certaines terres, comme je l'ai dit à l'article luzerne. On doit aussi, au printemps, herser et épierrer les trèfles; s'ils ont souffert de l'hiver on les fume en couverture.

Le trèfle, fauché lorsqu'une partie seulement des fleurs sont épanouies, donne souvent deux bonnes coupes. Il craint encore plus que la luzerne de perdre ses feuilles en séchant et elles sont plus précieuses ; il faut donc, dès qu'il y a un commencement de dessiccation, diviser exactement le trèfle, afin que restant soulevé il sèche promptement et autant par l'air que par le soleil ; on le traite du reste comme la luzerne, et si le soleil est très ardent, c'est le matin à la rosée qu'il est le plus convenable de le charger.

Si on veut récolter la graine, on réserve la seconde coupe, après avoir fait la première de bonne heure.

Dès que la plupart des têtes sont mûres, on fauche, et si le temps est beau, le trèfle sèche en andains, en le retournant seulement une fois. On le rentre alors pour le battre et séparer les têtes, dont plus tard, après les avoir bien fait sécher (mais jamais au four, telle précaution qu'on prenne), on extrait la graine soit au fléau, opération longue et coûteuse, soit au moyen d'un moulin d'huilier, ce qui ne l'est pas moins. On fait encore la récolte de la graine en arrachant seulement les têtes à la main ou avec un instrument fait exprès. Cet instrument est une espèce de pelle en bois, en forme de boîte à moitié couverte, ayant une poignée et armée de dents en forme de peigne sur le devant. On enlève ainsi beaucoup de têtes à la fois qu'on met à mesure dans un sac. En résumé, à part les pays privilégiés par leur température, la perte d'une partie de la récolte et les frais pour extraire la graine dépassent souvent sa valeur.

On ne doit jamais récolter de graine dans un champ où il y ait seulement quelques traces de cuscute, et si on doit en acheter dans le pays, il faut explorer soigneusement les champs, afin de ne point être exposé à ce fléau par la négligence ou l'avidité d'un voisin.

(Voir à l'article *Luzerne* pour les moyens de détruire la cuscute).

Le trèfle entre très avantageusement dans un bon assolement, pourvu qu'il soit mis dans des champs bien nets de mauvaises herbes ; il est améliorant et fournit un fourrage abondant. Sa place est après une récolte sarclée, bien fumée.

Le blé réussit très bien sur un seul labour, après la seconde coupe de trèfle.

On remplace avantageusement le trèfle par une récolte de vesces qui fournissent un fourrage abondant, améliorent le sol et équivalent à une demi-jachère par le temps qui reste pour plusieurs labours avant la semaille. Alterné ainsi avec la vesce, le trèfle revient moins souvent dans le même sol, sa réussite en est plus assurée et la terre reste plus propre ; on ne saurait donc trop conseiller cette substitution (V. le tableau d'assolement).

Le trèfle donne en moyenne de quatre à six mille kilogrammes de foin sec par hectare ; des vesces bien fumées semées en automne avec du seigle ou au printemps avec de l'avoine, et fauchées au moment où le grain commence à se former, en fournissent autant et ne sont pas inférieures en qualité.

Donnés en vert, cent kilogrammes de l'un ou de l'autre équivalent à vingt-deux ou vingt-cinq kilogrammes de foin sec.

Les secondes coupes de trèfle se font ordinairement pendant les plus fortes chaleurs ; si le temps est au beau , et que la récolte ne soit pas abondante , il doit sécher en andains qu'on retourne une seule fois ; sans cette précaution il grillerait et perdrait toutes ses feuilles. Si la seconde coupe est forte on peut la faner une fois.

Dans quelques pays on est dans l'usage de ne pas laisser sécher les fourrages sur-le-champ , mais de les mettre en tas pour exciter une fermentation, dont on saisit le moment convenable pour les étendre , afin qu'ils sèchent ainsi en quelques instants : cette méthode présente deux inconvénients graves. Le moindre, c'est que partout où ces tas ont été formés , ils étouffent l'herbe , sur laquelle on ne doit plus compter pour une seconde récolte ; l'autre, c'est que si des pluies continuelles s'opposent à ce qu'on les ouvre au moment convenable, la fermentation continue et le fourrage s'altère et se brûle promptement.

Le trèfle donné en vert occasionne souvent la météorisation. Tous les agriculteurs ne sont pas d'accord sur les causes qui la produisent : les uns l'attribuent aux trèfles chargés de rosée ; d'autres à celui qui s'est échauffé dans la grange ; d'autres enfin au trèfle plâtré, ou coupé pendant la grande chaleur. On a vu des cas de météorisation dans toutes ces circonstances. Je pense donc qu'il suffit d'être prudent lorsqu'on fait usage du trèfle en vert ; que plus sa végétation est vigoureuse, plus on doit ménager sa distribution ; qu'on doit toujours la faire à plusieurs reprises et par petite quantité, pour la ration de chaque repas ; qu'il faut, autant que possible, éviter les causes principales qu'on a signalées, et que lorsqu'on n'a pu les éviter, on doit stratifier le trèfle avec un peu de paille ; que cette stratification est surtout indispensable, pendant quelques jours, au moment du passage du sec au vert.

Si à défaut de ces précautions on s'aperçoit chez un animal d'un commencement de météorisation, qui s'annonce par le gonflement des flancs, la tristesse, l'œil fixe et fortement dilaté, il faut se hâter d'en arrêter les progrès. Souvent une promenade suffit ; dans le cas contraire, on donne une cuillerée d'alcali volatil (ammoniaque liquide) dans un demi-litre d'eau, plus ou moins selon la grosseur de l'animal (cette dose est pour un bœuf ou une vache de taille moyenne) ; si elle n'avait pas suffi, on peut la répéter deux ou trois fois de dix en dix minutes ; il est bon en même temps de faire de fortes frictions sur toutes les parties du corps, ou de promener la bête malade. On peut remplacer l'alcali par une once de salpêtre en poudre, délayé dans un verre d'eau ; en cas de suffocation, une forte saignée peut aussi être très utile.

Si l'enflure résiste à ces moyens, et que l'animal semble devoir succomber, il faut percer la panse au flanc gauche entre la hanche et la dernière côte à l'endroit le plus saillant de l'enflure, et l'air se dégage aussitôt. Cette opération se fait avec un instrument appelé trocart, qu'on doit toujours avoir dans une ferme, ainsi qu'une bouteille d'alcali ; à défaut de trocart on peut se servir d'un couteau bien pointu et introduire immédiatement en le retirant une canule de bois de sureau ou autre pour faciliter le dégagement des gaz. Si le mal résiste à tous ces moyens et que l'animal soit sur le point de périr par l'excès de nourriture contenue dans la panse, on peut élargir l'ouverture afin d'y faire introduire la main d'un enfant, pour retirer les matières. On recouvre la plaie, qui n'est pas trop dangereuse si on soumet l'animal à une diète sévère, et on doit la laver plusieurs fois par jour.

Dans une grande ferme où on a un homme pour gardien des bestiaux, il devrait toujours avoir un trocart sur lui, car souvent la météorisation cause la mort presque instantanée.

Trèfle blanc.

Le trèfle blanc se sème comme le trèfle rouge, seulement il se contente de sols beaucoup plus pauvres, légers et sablonneux ; étant vivace et rampant, il se cultive surtout pour le pâturage des moutons, et pour cela on l'associe communément à d'autres graines. Semé seul on emploie environ sept kilogrammes et demi par hectare.

Le plâtre active aussi beaucoup sa végétation.

Trèfle incarnat.

Ce trèfle est précieux surtout par sa précocité, et pour remplacer les autres lorsqu'ils ont manqué. Il faut le semer seul et le plus tôt possible après la récolte d'une céréale d'automne, d'une navette ou d'un colza ; vingt-cinq kilogrammes de graine sont nécessaires par hectare. Dans un sol léger ou sablonneux, il peut se semer à la herse après une récolte, ou dans d'autres terres sur un labour superficiel, enterré et roulé.

Le trèfle incarnat lève très difficilement dans quelques terrains, la graine non mondée est préférable; il craint beaucoup les gelées du printemps. Sec, il donne un fourrage de qualité très inférieure; on ne doit donc en semer que pour les besoins de la nourriture verte, à laquelle il fournit huit à quinze jours plus tôt que tout autre fourrage au printemps; il est précieux sous ce rapport. A raison de sa grande précocité, on peut le remplacer par des haricots, des pommes de terre, du maïs ou du sarrasin, ou enfin il permet une demi-jachère.

Lupuline.

La lupuline est bisannuelle; comme le trèfle rouge, elle réussit mieux sur les terres sèches et légères de médiocre qualité; on la sème aussi dans une récolte de grains à raison de quinze à dix-sept kilogrammes par hectares. On peut la faucher, mais elle ne fournit qu'une coupe; on la fait généralement pâturer, car elle repousse vite.

Pimprenelle.

La pimprenelle réussit assez bien sur les mauvais sols sablonneux ou crayeux; elle fournit aux moutons un pâturage assez abondant et très précieux par la faculté qu'elle a de résister aux plus grands froids et aux plus grandes sécheresses. Cette plante croît pendant l'hiver; on ne doit pas la faire pâturer à l'automne, afin qu'elle fournisse un pâturage plus abondant et plus précoce au printemps.

On sème trente kilogrammes à l'hectare, en mars ou avril.

Sainfoin.

Les terres calcaires conviennent essentiellement au sainfoin ; aussi en montagne, dans des sols pierreux de l'apparence la plus pauvre, on obtient de belles récoltes. Il suffit que les racines puissent s'insinuer entre les fissures des pierres ; il croît bien dans les sols marneux, crayeux ou graveleux. Quelquefois dans des sols très riches le sainfoin donne deux coupes, mais c'est une rare exception, il n'en produit qu'une habituellement. Malgré cela, la qualité de ce fourrage, qui est l'un des meilleurs et des plus substantiels, doit engager à en faire beaucoup. On le sème en mars ou avril dans une céréale à raison de quatre à six hectolitres par hectare, en l'enterrant profondément en même temps, quoique semé séparément ; on en met aussi dans les sarrasins.

On doit apporter le plus grand soin dans le choix de la graine, car la grande difficulté qu'il y a pour la récolter sans qu'elle s'égrène, fait que souvent on la récolte avant sa complète maturité ; elle ne germe pas non plus après une année.

On herse et on épierre les sainfoins en mars ; on ne doit jamais les faire pâturer par des moutons. Le produit est de trois à quatre mille kilogrammes par hectare, ce qui est une très belle récolte pour la plupart des terres pauvres qu'il occupe.

Dans de bonnes conditions, le sainfoin prospère huit à neuf ans ; on augmente ses produits avec de bonnes fumures de temps en temps.

Sa durée fait qu'on le met comme la luzerne en dehors des assolements ; et sa récolte se traite de même.

Spergule.

La spergule se sème à deux époques, en mars ou pendant l'été ; au mois de mars pour fourrage ou pour en récolter la graine ; plus tard, si on veut s'en faire à l'automne une ressource comme pâturage. Les terres blanches, quelle que soit leur consistance lui conviennent, à l'exclusion de toutes autres ; on sème douze à quinze kilogrammes de graines à l'hectare, le sol doit être bien ameubli, et on recouvre légèrement la semence ; elle produit en petite quantité un foin de bonne qualité qui donne d'excellent beurre. La croissance de cette plante est très rapide ; on l'emploie aussi comme récolte à enterrer en vert pour engrais, et l'opération peut se répéter deux fois dans l'année.

CHAPITRE VIII.

CULTURE DES CÉRÉALES.

Culture du blé : Choix des semences. préparation , moisson, battage. — Culture du seigle. — Culture de l'orge. — Culture de l'avoine. — Fèves ou fèverolles. — Vesces. — Lentilles. — Pois. — Maïs. — Millet. — Haricots. — Sarrasin.

Culture du blé.

On cultive plusieurs variétés de blé, parmi lesquelles ou distingue les gros blés, les blés fins, les blés barbus ou sans barbes, les blés de printemps et ceux d'hiver.

En thèse générale on doit semer de bonne heure, en automne, en commençant par les terres humides ; il faut au contraire attendre, au printemps, que les terres soient convenablement ressuyées, sans jamais laisser échapper un moment favorable.

Les gros blés et les blés barbus sont plus rustiques que les autres, les blés d'hiver produisent plus que ceux de printemps ; ils sont d'une réussite plus assurée, surtout après une jachère, un trèfle, des pois, des fèves, ou des vesces coupées en vert. Ils réussissent moins bien après des racines ou tubercules rentrés tard, et mal après une céréale.

On sème en billons ou demi-sillons très relevés, en sillons, en planche ou à plat : la culture en billons, qui laisse au milieu un espace non cultivé, favorise beaucoup le développement des mauvaises herbes ; les sillons ont le même inconvénient quoique moindre. Ces deux modes de culture se prêtent mal à l'action du rouleau s'il n'est brisé, comme celui dont on a parlé, et à celle de la herse ou de l'extirpateur qu'il est impossible d'employer pour enterrer la semence. Les planches permettent de faire les labours avant la semaille, et d'enterrer en temps convenable et choisi une grande quantité de grain en un jour; la culture à plat présente le même avantage, mais avec elle on ne peut se dispenser de multiplier les saignées d'écoulement, excepté dans les montagnes ou dans les sols extrêmement perméables.

La quantité de semence à employer dépend de l'époque à laquelle on sème, de la nature du sol et de sa préparation. Si on sème de bonne heure, en sol riche ou bien préparé, on peut et on doit ménager la semence. On sème épais au contraire si la saison est avancée et le sol mal préparé ; on sème plus épais en sol profond qu'en sol superficiel. D'après ce qui précède, la quantité de semence doit varier entre un hectolitre et demi et deux hectolitres par hectare.

Le blé de mars se sème un peu plus épais que l'autre, mais, comme le grain est plus petit, la même quantité suffit ordinairement. Il serait bien difficile de préciser l'époque à laquelle on doit semer les blés, puisque selon les pays et leur température on en sème pendant quatre ou cinq mois de l'année, mais comme on en cultive partout, on peut dire qu'en tous pays, pour les blés comme pour toute autre culture, il y a toujours avantage à imiter les plus diligents.

Presque toutes les terres peuvent produire du froment pourvu qu'elles aient un peu de consistance, cependant il prospère mieux dans les terres argileuses convenablement préparées. La variété de printemps est préférable et réussit mieux dans les sols siliceux et légers, pourvu qu'ils soient frais ; elle vient bien après les pommes de terre.

Pour les semailles d'automne, on peut se dispenser d'ameublir aussi complètement la surface du sol, que pour toutes les semailles de printemps ; quelques mottes au contraire sont utiles dans les terres qui se fusent par l'effet des gelées, elles rechaussent les blés qui sans cela auraient souffert.

Choix des semences.

On ne saurait apporter trop de soin dans le choix des semences ; les blés qu'on y destine doivent être bien mûrs, de bonne qualité, et sans aucun mélange de mauvaises graines.

Préparation.

Il est indispensable, pour éviter le charbon et la carie, de soumettre le blé à une opération qu'on nomme chaulage, et qui se fait de la manière suivante : on fait fuser de la chaux vive dans de l'eau, de façon à obtenir un lait de chaux un peu chargé, ou une bouillie très claire ; on a dû disposer à l'avance en tas, au milieu d'une pièce, un hectolitre de blé au plus, afin de pouvoir le remuer facilement. Le tas étant ouvert, on y verse l'eau de chaux à plusieurs reprises pendant qu'elle est chaude, et on déplace à la pelle tous le tas en le remuant bien, jusqu'à ce que tous les grains soient imprégnés de la dissolution, après quoi on rejoint le blé et on le couvre d'une toile ou d'un sac. Ce procédé m'a toujours suffi pour réussir complétement. Cependant on emploie encore avec plus de certitude le sulfate de soude ou sel de glauber, à raison de quatre-vingt-dix grammes par litre d'eau ; cette dissolution doit se faire à l'avance pour que le sel soit entièrement fondu. On peut conserver cette préparation pendant toutes les semailles ; il en faut environ six à sept litres par hectolitre de grain. On l'emploie comme l'eau de chaux ; mais cela ne suffit pas, il faut encore avoir de la chaux vive, réduite en poudre au moment de l'opération, ce qui se fait en la trempant un instant dans l'eau et la laissant exposée à l'air. Lorsque tous les grains sont bien humectés, on ajoute environ deux kilogrammes de poudre de chaux, et on continue de remuer le tas jusqu'à ce que les grains en soient tous couverts également. On sème le lendemain seulement le blé ainsi préparé ; mais on peut en chauler ou sulfater plusieurs hectolitres d'avance, afin de ne pas être obligé de répéter trop souvent l'opération pendant les semailles.

On confond ordinairement le charbon et la carie, quoique les deux soient bien distincts. Le charbon est une poussière noire qui recouvre un épi avorté ; les vents et la pluie l'enlèvent ordinairement peu de temps après la floraison. Il nuit peu à la partie saine de la récolte. La carie, au contraire, est un grain qui contient au lieu de farine une poussière noire, et qui, lorsqu'il est écrasé au battage, infeste toute la récolte. Les blés sont encore sujets à la rouille qui n'attaque que les feuilles et la tige, mais qui nuit beaucoup à la quantité et à la qualité du grain en paralysant la végétation.

Des fumiers récents, une température humide et de

mauvaises semences produisent ces trois maladies, qu'on évite par le chaulage, par les assainissements, par le changement de semences, et en fumant les récoltes qui précèdent les blés.

Lorsque les blés sont bien semés, au moyen des préparations indiquées, il est encore essentiel de surveiller la levée du grain, car si la saison chaude et humide se prolonge, les limaces détruisent souvent des champs tout entiers ; on a conseillé plusieurs moyens pour les détruire : 1° d'y faire passer des canards, mais on n'en a pas toujours à sa disposition ; 2" d'y répandre des feuilles de choux et autres légumes, et de faire tous les jours une tournée pour détruire les limaces qui s'y amassent ; tous ces moyens demandent beaucoup de temps ; le plus simple, lorsqu'on le peut, c'est de semer sur le champ, le soir ou le matin à la rosée, quand les limaces sont sorties ou avant qu'elles soient rentrées, de la chaux en poudre qui s'attache à celles qu'elle atteint et empêche les autres de bouger, sans être enveloppées dans cette poussière de chaux qui les fait aussitôt périr ; on doit renouveler plusieurs fois cette opération.

Dans les pays où les terres sont humides, on devra tout l'hiver soigner très activement les saignées d'écoulement, afin que le blé ne pourrisse pas dans l'eau.

Lorsqu'au printemps de petites gelées suivies de dégel auront soulevé les blés de manière à les déraciner et à les faire jaunir, ce qui annonce presque toujours la maigreur du sol, après y avoir répandu si on le peut quelques engrais pulvérulents, on devra épier un moment où la terre convenablement ressuyée permettra l'usage du rouleau, qui est très efficace dans ce cas pour tasser la terre et rechausser les blés. On peut au lieu d'engrais pulvérulents, après l'emploi du rouleau, fumer en couverture les parties qui auraient le plus souffert; ce procédé est surtout préférable dans les sols légers et calcaires où l'effet des gelées est plus sensible. Si au contraire les blés sont forts et bien enracinés, un hersage énergique développera admirablement la végétation.

Ces différents procédés s'appliquent à toutes les céréales d'hiver.

Dès que les mauvaises herbes sont assez développées pour qu'on puisse facilement les reconnaître, on fait passer des femmes, soit pour biner les blés (excellente méthode qui se pratique dans quelques pays), soit pour arracher et enlever à la main toutes les herbes parasites qui les étouffent, et dont les graines se mêlent à celles du blé et en diminuent la valeur. Quelque temps avant que le blé entre en épis, il est encore utile de faire une seconde tournée pour couper les chardons qui gênent plus tard dans toutes les opérations et font souvent perdre du grain par les ouvriers. Un cultivateur soigneux, et surtout un petit propriétaire dont la surveillance est plus facile, fera toujours avec profit une dernière visite peu de temps avant la récolte pour enlever l'ivraie, l'ail sauvage, la nielle et autres mauvais grains qui se distinguent de loin à cette époque, et qui diminuent considérablement la qualité du blé.

Moisson.

Les blés se récoltent de plusieurs manières : à la

faux, à la faucille ou à la sape. Ces deux dernières manières diffèrent peu et sont les plus usitées. Les avantages de la faux sont de laisser la paille moins longue dans le champ, de l'augmenter d'un quart à un cinquième dans chaque ferme, et d'expédier beaucoup plus rapidement la récolte; ce qui est très avantageux dans certaines années, si les ouvriers manquent à une grande exploitation. On doit faucher en jetant l'andain contre le blé debout, et le faire mettre aussitôt en javelle par une femme qui suit le faucheur. La faucille range plus régulièrement les épis dans la gerbe et évite ainsi quelque perte de grain; en somme, le prix de revient diffère peu, parce que les faucheurs sont plus chers. Un petit propriétaire peut donc ne rien changer à ses habitudes, surtout s'il ne coupe pas le blé trop haut.

Il est généralement reconnu maintenant qu'il y a avantage, sous tous les rapports, à récolter les blés quelques jours avant la parfaite maturité. D'abord on évite souvent une perte considérable produite par l'égrénage dans les grandes fermes, et on gagne sur la qualité du blé pour la mouture.

Le produit en blé varie de dix à trente-cinq hectolitres par hectare. On voit combien il est utile de bien fumer et bien cultiver.

Un cultivateur intelligent réservera toujours pour sa dernière moisson ses blés les plus beaux et les plus nets de mauvaises herbes, afin d'en faire, comme étant les plus mûrs, ses semences pour l'année suivante; précaution qui placera aussi cette partie de récolte dans les greniers, de manière à pouvoir la battre la première au besoin.

Je ne dirai rien de la manière de faire les gerbes. Seulement, comme dans quelques pays on les fait si grosses qu'un homme a peine à les ranger, je conseillerai de ne pas les imiter, d'abord pour éviter des efforts très dangereux, ensuite pour accélérer l'ouvrage, ce qui a lieu lorsqu'on peut les manier facilement.

La saison des moissons étant aussi celle des orages, on doit se hâter de lier aussitôt que la paille est sèche ; la moindre négligence peut occasionner la perte d'une récolte. On doit éviter de laisser des gerbes dehors la nuit ; en cas d'impossibilité, il faut toujours mettre le blé en *moyettes* ou tas, placé de manière à ce qu'aucun des épis ne porte sur le sol.

Battage.

Il se fait au fléau, aux pieds des chevaux et à la machine ; le battage au fléau est sans contredit le plus parfait, et celui à la machine le plus expéditif ; j'en ai parlé à l'article des *Instruments*. Chacun peut choisir le mode qui lui convient le mieux ; tous les battages sont bons, pourvu que la paille ne soit pas trop brisée, que le grain ne soit pas écrasé, qu'il n'en reste pas dans la paille et qu'il soit bien vanné. Une bonne machine, bien réglée, ne doit présenter aucun de ces inconvénients.

Déchaumage.

Aussitôt la récolte du blé achevée, on doit déchaumer, c'est-à-dire donner un léger labour, ou mieux un trait d'extirpateur aux terres sales et où quelques mauvaises graines ont pu se semer, afin d'en faciliter la germination, et de les détruire en même temps que les autres herbes par un nouveau labour.

Culture du seigle.

Tout ce qui a été dit pour le blé s'applique au seigle, seulement il se sème huit à quinze jours avant les premiers blés d'automne, et il est moins difficile sur la nature du terrain ; il vient dans des sols trop légers ou trop peu fertiles pour le blé ; il redoute l'humidité et demande de grands soins d'assainissement. Semé avec des vesces d'automne, il offre un des premiers fourrages verts à donner au printemps.

Les cultivateurs ne sauraient trop observer si quelques grains de seigle ne s'allongent pas outre mesure, et sortent de leur enveloppe en se recourbant ; ces grains sont connus sous le nom de seigle ergoté, et la récolte qui en contiendrait, si on ne l'enlevait avec soin, pourrait devenir un véritable poison.

Culture de l'orge.

L'orge se sème en mars ou avril, selon les climats. Il y en a un grand nombre de variétés ; en général, elle exige un sol riche et parfaitement ameubli par des cultures préparatoires répétées ; elle doit être enterrée à deux ou trois pouces. Le sol doit être bien ressuyé et l'assainissement parfait.

On sème aussi une variété d'orge d'automne qui produit beaucoup ; quatre-vingts litres à l'hectare semés en terre calcaire, fin d'août, avec de la luzerne, m'ont donné plusieurs fois dans la même ferme quarante-huit à cinquante hectolitres de grain à l'hectare.

On doit apporter la plus grande attention à ne pas laisser mouiller l'orge une fois qu'elle est moissonnée, et surtout à ne pas la laisser s'échauffer dans la paille ;

dans ces deux cas, elle devient jaune et perd beaucoup de sa valeur. Bien rentrée, au contraire, et battue de suite, l'orge reste blanche comme du riz, et on la recherche sur les marchés où elle a un prix beaucoup plus élevé.

Culture de l'avoine.

L'avoine est la moins délicate des céréales sur la nature et la préparation du sol, un pré ou un gazon rompus par un seul labour lui conviennent parfaitement ; elle préfère un sol humide à un sol sec ; ainsi dans une propriété de quelque étendue, on a toujours des terres à orge et des terres à avoine.

Il y a un grand nombre de variétés d'avoine : la noire, la blanche, la jaune. Comme l'orge, il y a aussi une variété d'hiver qui est plus productive et plus lourde que celle de printemps ; quel que soit le pays qu'on habite, si on ne connaît pas les avoines d'automne, on devra s'en procurer et en essayer, ou si on n'a pas d'avoine d'hiver se presser de semer au printemps, d'après l'ancien dicton que *l'avoine de février remplit les greniers.* En général, les semailles claires valent mieux que les semailles trop épaisses, excepté pour l'avoine, qui doit être semée épais (deux et demi à trois hectolitres à l'hectare).

On doit moissonner l'avoine un peu avant sa maturité et la laisser quelques jours sur la terre pour que le grain achève de se mûrir ; on ne doit pas craindre même qu'elle reçoive de fortes rosées dans cet état, tout en veillant à ce que la paille ne soit point altérée, surtout dans le cas où on la considère comme une ressource précieuse pour l'alimentation des bêtes à cornes pendant l'hiver, en la stratifiant avec des regains de prés naturels ou artificiels. L'avoine produit de vingt à cinquante hectolitres à l'hectare.

Semée pour être donnée en vert, l'avoine est un excellent fourrage.

Par le javelage, si la paille est surprise par des pluies, on perd plus sur la paille qu'on ne gagne sur le grain ; il faut donc se contenter de quelques nuits de rosée.

Fèves ou Fèverolles.

Les fèves réussissent surtout sur les terres fortes et même argileuses. On en connaît deux variétés : celle d'automne et celle de printemps. La variété d'automne se contente d'une terre médiocrement ameublie ; des mottes nombreuses sont même une bonne condition pour la semaille de cette saison dont les pluies abondantes tassent un terrain trop bien préparé, et s'opposent à la levée régulière, tandis que les mottes se divisant lentement par l'effet des gelées servent d'abord d'abri à la jeune plante, et plus tard la rechaussent. Les fèves de printemps doivent être semées de bonne heure, fin février s'il est possible, afin que la floraison puisse se terminer avant les vents chauds qui brûlent et détruisent souvent toute une récolte en une journée, notamment les vents du sud-est qui sont le plus à redouter pour cette fleur.

Cette plante, qu'elle soit semée à l'automne ou au printemps, demande un ou deux sarclages ; comme cette opération est très longue et par conséquent dispendieuse, il ne faut semer les fèves que dans un terrain parfaitement nettoyé de mauvaises herbes ; alors si elles sont semées à la volée, un hersage peut remplacer le premier sarclage ; et semées en lignes, la houe à cheval peut être passée deux fois.

La récolte doit se faire quelques jours avant la maturité, et le matin, à la rosée, autant que possible, afin d'éviter que les cosses n'éclatent, ce qui arrive souvent, comme aux pois et aux vesces, après une pluie suivie d'un gros soleil ; aussi pour éviter cet inconvénient, les ouvriers posent les tiges en les coupant, non à plat sur le sol comme les céréales, mais debout la tige renversée, en formant un cône de plusieurs poignées réunies ; au bout de quelques jours on lie les fèves en fagots, et on les rentre le matin ou le soir, à la rosée, comme nous l'avons dit pour la récolte.

Les fèves sont une bonne préparation pour semer le blé ; enterrées en vert elles produisent un excellent engrais, surtout pour les terres crayeuses ou calcaires.

Moulues, ou trempées pendant vingt-quatre heures, elles offrent une précieuse ressource pour les chevaux de travail, les bœufs et les cochons à l'engrais.

Vesces.

Les terres fraîches un peu argileuses sont celles qui conviennent le mieux aux vesces ; mais comme leur usage s'est considérablement augmenté dans les pays de bonne culture, où elles entrent avec le plus grand avantage dans les assolements, soit pour leur grain, soit comme fourrage artificiel, remplaçant la jachère (puisque fauchée en vert elles permettent trois labours dans l'année), on pourra les essayer dans presque tous les sols, où elles devront toujours indemniser du peu de soins qu'elles exigent, et les payeront largement si on leur applique toute la fumure destinée au blé, car fauchées en vert, loin d'épuiser le sol, il est reconnu que plus les vesces ont été belles, plus nette sera la terre, et plus beau sera le blé.

On connaît deux variétés de vesces, celle d'hiver et celle de printemps ; la variété d'hiver se sème avec du seigle par moitié, et donne ainsi un fourrage très abondant. On sème deux hectolitres environ à l'hectare. Les sols granitiques sont ceux qui lui conviennent le moins. La dessiccation des vesces pour fourrage se fera par les mêmes procédés qui seront indiqués pour les foins de prairies artificielles : luzerne, sainfoin, trèfle, etc.; mais on attendra pour faucher qu'une partie des siliques soient formées. Quant à la récolte pour la graine, on devra les faucher lorsque la moitié au moins des cosses sont entièrement mûres ; une grande partie arrive à parfaite maturité par la dessiccation, et le reste, qui ne peut être détaché au battage, profite à la nourriture des bestiaux, en augmentant la valeur de la paille.

Lentilles.

La lentille réussit dans les sols de consistance moyenne, et même dans les sols argilo-calcaires bien ameublis; on la sème au commencement de mars, à la herse, sur un sol bien ressuyé.

On cultive aussi une variété d'hiver ; l'une et l'autre sont peu productives en grain, mais il est assez estimé. Coupée en vert pour fourrage, la lentille est un des meilleurs qu'on puisse donner aux bestiaux ; en la fauchant lorsque le grain commence à se former, elle donne un excellent fourrage sec pour l'hiver ; mais on y doit mélanger un peu de paille, car seule elle serait très échauffante.

Pois.

Les pois réussissent dans toutes les terres à froment ; ils se cultivent en grand pour la nourriture de l'homme, surtout autour des grandes villes ; là ils sont semés en lignes et par touffes, pour être sarclés et binés à la houe à main ou à cheval ; loin des villes dans les grandes cultures, on les sème pour le bétail, on leur donne un sarclage lorsqu'ils sont élevés à deux ou trois pouces, puis pour la récolte, soit en vert, soit en sec, ils sont traités comme les vesces. On sème deux hectolitres à l'hectare. On connaît pour la grande culture deux espèces, le pois gris et le pois vert. La paille de pois est très utile pour les moutons.

Maïs.

Il y a plusieurs variétés de maïs. Il préfère un sol chaud, meuble et riche, cependant il s'accommode plutôt de tous les terrains que de tous les climats ; il réussit principalement dans nos départements du sud, dans ceux de l'est et du centre, on ne peut guère le cultiver au delà avec avantage. On le sème selon le climat ou la température, pendant tout le mois d'avril et même en mai, car exposée à des pluies abondantes, sa graine se pourrit facilement, ou le jeune plant contracte une teinte jaune dont il souffre pendant longtemps ; la chaleur est indispensable à sa végétation ; on doit lui donner un premier sarclage à la houe à main peu de jours après sa

levée, mais toujours par un temps sec ; et mieux vaudrait retarder de quelques jours que de s'exposer immédiatement après le sarclage, à une pluie qui compro-
mettrait la récolte ; deux sarclages sont encore utiles
avant les grandes chaleurs, mais ceux-là peuvent se faire
à la houe à cheval. Une autre condition indispensable
à la production, c'est d'espacer les plants de soixante
à soixante et dix centimètres en tous sens pour la
grande espèce ; dans les semis faits à la volée on a toujours de la peine à s'y décider. Le mieux est de semer
en lignes, à soixante et dix centimètres, et de mettre deux
à trois grains par pied de longueur, sauf à en ôter aux
sarclages successifs. Les jeunes semis de maïs sont
souvent détruits en grande partie par beaucoup d'insectes, et notamment par la courtilière et la larve du
hanneton ; on devra donc au premier sarclage laisser au
moins le double des plants nécessaires, pour n'enlever
cet excédant qu'au deuxième et au troisième, où on
butte fortement chaque plante ; à cette époque on enlève
tous les jets sans épis et partant du pied, et tous les épis
avortés ; le bétail est très avide de ces émondages. Les
bons cultivateurs ne craignent pas, quelques jours avant
la récolte, de déchausser la plante afin de hâter la
maturité, et de laisser le terrain dans un état de propreté
complet, soit qu'on le destine ou non à des céréales
d'hiver. On fait la récolte en cassant l'épi dès que l'enveloppe est sèche et le grain un peu dur ; il ne faut pas
en rentrer plus qu'on ne peut en dépouiller en deux ou
trois jours, afin d'éviter la fermentation et même la germination, qui sont très à craindre.

Dans nos départements de l'est et du centre, le maïs

est une des principales ressources des habitants qui l'emploient à la nourriture de leurs bestiaux et de leurs volailles, surtout depuis l'extension du fléau qui les prive en partie de la récolte si précieuse des pommes de terre. Séché au four et moulu, sous le nom de gaude, la farine de maïs entre pour un tiers au moins dans la consommation de nos campagnes. On en fait une bouillie nourrissante et agréable. Moulu sans être passé au four, on en ajoute au pain.

Coupé en vert, le maïs est un des meilleurs fourrages pour la race bovine, et surtout pour les vaches laitières, dont il augmente la qualité et la quantité du lait.

Sa paille récoltée à maturité se convertit difficilement en engrais, aussi le plus souvent elle est perdue, brûlée ou abandonnée dans les champs, tandis que les cultivateurs intelligents en tirent un excellent parti. Coupée et non arrachée, liée aussitôt à petits fagots réunis debout en cône par vingt environ, dans les champs autour de la maison, elle se conserve fort avant dans l'hiver, et se donne chaque jour, après avoir été écrasée et coupée en deux ou trois tronçons dans sa longueur, elle se donne, dis-je, comme un excellent supplément de nourriture, qui est tellement du goût des bestiaux, qu'ils le préfèrent souvent à un fourrage de médiocre qualité. Le maïs produit environ un tiers de plus que le froment dans le même sol. Ainsi outre qu'il est presque toujours d'un grand produit comme grain dans les climats où il prospère, il se recommande encore par les ressources nombreuses et variées qu'il présente.

On a donné différents procédés pour la dessiccation

du maïs qui germe en peu de temps, et s'échauffe s'il reste entassé dans les granges ; on a parlé de cages dont j'approuve l'emploi, sans pouvoir le conseiller à raison de l'embarras ou de la dépense. Le moyen, selon moi, le plus simple, est de réserver deux ou trois feuilles à chaque épi ; on les replie en arrière pour mettre le grain à nu, on les noue ensemble, ou on les lie de manière à faire des faisceaux de huit à dix épis, puis on les place, soit sur des perches superposées sous les saillies des toits, du côté le moins exposé à la pluie, soit en tout autre endroit sec et aéré. Ainsi disposé, le maïs se conserve parfaitement, et une récolte importante n'occupe qu'un petit espace ; les perches une fois placées, restent bien des années sans exiger de nouveaux frais ou de nouveaux travaux. On sème du maïs à plusieurs époques pour la nourriture en vert.

Millet.

Ce que nous avons dit du maïs s'applique au millet, seulement le millet doit être semé plus épais et en sol léger. Son grain est employé à la nourriture des cultivateurs de certains pays (le Morbihan par exemple) ; mais il est en général une faible ressource sous ce rapport ; c'est surtout pour la nourriture de la volaille et pour le commerce des oiseleurs qu'on le cultive habituellement ; semé épais et coupé en vert, il donne aussi un excellent fourrage. On sème environ trente à quarante litres à l'hectare. Sa récolte produit peu.

Haricots.

Il y a un grand nombre de variétés de haricots ; ils

exigent une terre fraîche, meuble et fertile ; aussi, à part dans quelques pays, ils font plutôt partie de la culture maraîchère que de la culture champêtre, quoiqu'ils soient une bonne préparation pour le blé.

La meilleure manière de semer les haricots est en lignes, à quarante centimètres environ ; il faut les mettre peu profondément, à cause de la pourriture, qui est fort à craindre ; on place six à sept grains réunis à une distance à peu près égale à celle des lignes. Ils demandent deux ou trois binages. Le haricot étant très sensible aux gelées, il faut attendre qu'on n'ait plus à en redouter ; on ne peut non plus en semer dans des terres trop humides où abonderaient les limaces, car elles les dévorent de préférence à toute autre plante, et n'en laissent souvent pas un seul dans un champ. La récolte se fait comme celle des fèves, sans attendre une maturité complète.

Sarrasin.

Dans les pays pauvres la culture du sarrasin est une très précieuse ressource. Il préfère les sols frais et humides ; les cendres sont la fumure qui lui convient le mieux. Non seulement son grain sert à l'engraissement des bœufs, des cochons et de la volaille la plus estimée, mais il est même la principale et presque l'unique nourriture des habitants, soit en pain, en galette, en bouillie, et, chose singulière, dans le département de l'Ain, sous forme de gaufre, il remplace entièrement le pain, même dans des fermes considérables. Le pain de froment y est à peine employé pour la soupe.

Le sarrasin ne résiste pas aux moindres gelées ; on

ne doit donc, dans chaque contrée, commencer à le semer que lorsqu'elles ne sont plus à craindre, et continuer tant qu'il reste trois mois environ de bonne saison, qui lui suffisent pour arriver à maturité, car si le jeune plant craint la gelée, la récolte presque mûre ne la craint pas moins, et on a vu souvent des plaines entières détruites par les premières gelées d'automne.

Le sarrasin doit être semé fort clair ; quatre-vingts à quatre-vingt-dix litres par hectare suffisent. Comme la croissance est très rapide, il faut saisir le moment pour lui donner un ou deux binages. Sa récolte se fait dès que la plus grande partie des graines sont mûres, soit à la main, soit à la faucille. Comme pour les fèves, on réunit les tiges en bottes qu'on dresse les unes contre les autres en écartant le *pied* à terre, et on les laisse ainsi quelque temps pour sécher la paille et achever la maturation du grain. On doit battre le sarrasin aussitôt après la récolte, et l'étendre très clair sur les greniers, sans quoi il s'échauffe ou moisit.

Il est bon, par la même raison, de laisser la paille dehors en meules bien faites.

Le sarrasin peut encore se semer avec avantage, comme fourrage consommé en vert, ou comme engrais végétal pour les terres sèches, crayeuses ou calcaires, en l'enterrant au moment de la pleine floraison ; enfin il présente une précieuse ressource aux pays où on se livre à l'éducation des abeilles, lorsqu'une année trop sèche ne leur a pas permis de faire une provision suffisante ; car elles y trouvent une ample récolte dans la fleur du sarrasin, qui ne donne au miel, quoi qu'on en ait dit, ni une bonne qualité, ni une jolie couleur, mais qui y supplée par la quantité ; il sauve souvent des essaims tardifs qui eussent péri infailliblement l'hiver sans cette addition de provisions.

CHAPITRE IX.

PLANTES FOURRAGÈRES ET RACINES.

Laitue. — Chicorée.— Choux et rutabagas. — Navets. — Pastels. — Pommes de terre. — Topinambours. — Carottes. — Panais. — Betteraves.

Laitue.

La laitue ne doit figurer dans la grande culture, qu'à raison de son utilité pour les cochons auxquels elle est utile pendant les fortes chaleurs; on fera donc bien dans toutes les fermes d'en avoir quelques ares autour de la maison; on doit lui réserver un sol très riche, très propre, meuble et bien amendé; on la sème à la volée ou en lignes en mars, avril et mai, à raison d'un demi à trois quarts de kilogramme de graine peu enterrée, pour dix ares. Il est indispensable de passer le rouleau ou de plomber la terre. Un sarclage et un binage sont nécessaires.

La laitue doit être coupée chaque jour et donnée fraîche aux cochons qui en sont très avides.

Chicorée.

La chicorée s'emploie au même usage que la laitue; cependant elle se cultive plus en grand, car elle est du goût et elle convient à tous les animaux. Seulement, elle préfère les terres argileuses, de consistance moyenne bien ameublies et labourées profondément. On sème quinze livres de graine à l'hectare, on doit la couvrir très peu, et la rouler ou la faire piétiner par un troupeau de moutons.

On la sème aussi dans des récoltes d'orge ou d'avoine.

Elle dure quatre à cinq ans, et donne trois à quatre coupes si on la fauche chaque jour en vert avant que la tige monte.

Choux et rutabagas.

Ces plantes demandent un sol riche et frais ; on les sème en mai pour repiquer en juin et consommer en automne, ou en juin pour repiquer plus tard, et être employées soit pendant l'hiver, soit au printemps. On doit en cela consulter la température des pays qu'on habite ; si les hivers sont trop rigoureux, les plantes ne résistent pas toujours. On sème en pépinière ou en place, en lignes ou à la volée. On emploie deux kilogrammes à deux kilogrammes et demi de graine par hectare. Les semis en pépinière sont toujours préférables, la levée est plus assurée et on a plus de temps pour préparer le sol destiné aux transplantations ; ces considérations sont d'autant plus importantes que la transplantation réussit presque toujours si on a choisi un temps humide et de bons planteurs qui pressent convenablement la terre aux racines ; vingt hommes exercés peuvent planter un hectare dans une journée, avec le plantoir à main. Cependant le semis en place, si la terre est bien cultivée, hersée et ameublie, réussit également et exige moins de frais ; il est toujours préférable de semer en lignes plutôt qu'à la volée, pour faciliter la culture, soit à la main, soit à la houe à cheval. On doit espacer les lignes à soixante-cinq ou soixante-quinze centimètres selon la richesse du sol. Le premier sarclage doit se faire de bonne heure pour faciliter la végétation et la destruction des mauvaises herbes ; à cette époque, on n'éclaircit que pour donner de la place et de l'air au jeune plant. Au deuxième sarclage, qui doit se faire quinze jours ou trois semaines plus tard, on laisse trente à quarante centimètres entre chaque.

On peut cultiver ainsi toute espèce de choux, si on n'a en vue que la nourriture en vert des bestiaux ; les choux cavaliers et les choux branchus sont cependant préférables, ils produisent pour les porcs et les bêtes à cornes une nourriture plus abondante. On récolte sans interruption depuis l'automne jusqu'au printemps un fourrage vert, en commençant par les feuilles du bas, et allant et revenant d'un bout du champ à l'autre.

Les rutabagas qui se cultivent de même sont préférables pour les bêtes à laine ; et leurs racines qu'on serre avant l'hiver, comme les navets et les betteraves, sont d'une grande ressource.

Navets.

Les navets ou turneps se sèment de juin en septembre ; les terres légères, sablonneuses et calcaires sont celles qui leur conviennent ; il est utile de donner une fumure ; si le sol est riche, on s'en dispense et même on sème quelquefois les raves ou navets en récolte dérobée, après un seigle ou un froment, pour être rentrés avant l'hiver ou consommés sur place au printemps, quand le climat le permet.

On emploie trois à quatre kilogrammes de graine par

hectare, on sème en lignes ou à la volée ; la première de ces méthodes est préférable. Cinquante à soixante centimètres suffisent, si on veut employer la houe à cheval, et quarante à cinquante seulement, si on se sert de celle à main.

Lorsque les navets ont cinq ou six feuilles, un hersage remplace presque un premier sarclage, si la terre est bien nette de mauvaises herbes. Parmi les récoltes sarclées, les navets sont les moins riches ; ils équivalent à peine à un cinquième de leur poids en fourrage sec ; on doit donc n'en semer que lorsqu'on a des raisons pour le faire, puisque les betteraves et les pommes de terre équivalent à près de moitié, et produisent beaucoup plus.

Pastels.

Le pastel se cultive soit pour teinture, soit pour fourrage. Pour la teinture, il demande un sol riche, profond et très meuble ; sa récolte destinée à cet usage entraîne de grands frais et les produits sont d'une vente difficile dans les pays où il ne se cultive pas généralement ; je ne m'en occuperai donc pas sous ce rapport, persuadé qu'il ne sera pas difficile d'employer aussi utilement de bonnes terres.

Quant à la culture du pastel comme fourrage, elle offre de trop grands avantages pour que je n'en parle pas : on le sème en mars à la volée à raison de vingt kilogrammes à l'hectare dans les terres sèches, et surtout dans les terres calcaires où il réussit très bien ; pour cette destination, il est avantageux de lui associer d'autres graines, telles que pimprenelle, chicorée, etc. Dans les grandes fermes

on a souvent des champs en montagne , d'un accès difficile aux voitures. Ces champs semés en pastel présentent une ressource précieuse pour les moutons. Dès
la fin de février ou les premiers jours de mars, cette
plante, qui résiste très bien à l'hiver, fournit à ce moment où les racines commencent à manquer un pâturage
abondant et presque indispensable aux brebis et à leurs
agneaux ; ses qualités toniques en font un préservatif de
la pourriture. Cette culture devrait donc être plus généralement répandue.

Pommes de terre.

Tous les terrains conviennent aux pommes de terre,
c'est-à-dire qu'elles peuvent réussir partout, excepté
cependant dans les terrains trop argileux, s'ils n'ont été
préalablement divisés par des amendements énergiques.
Mars et avril sont les époques les plus convenables pour
leur plantation ; on peut néanmoins en prolonger la
durée jusqu'en mai. J'ai vu même dans des sols très
riches des pommes de terre plantées en juin après des
colzas, et donner une bonne récolte, mais il faut que la
saison soit favorable.

On sent très bien que pour faire des pommes de terre
en seconde récolte, on doit avoir surabondance de fumier, que la petite culture seule, et seulement dans des
cas de disette, peut se permettre de tels écarts ; ce serait autrement détruire une fertilité acquise à grands
frais et par de longs travaux. Dans la grande culture,
la pomme de terre, comme toutes les récoltes sarclées,
ne peut être avantageuse qu'autant qu'on a à sa disposition une grande quantité d'engrais, et que le sol est

assez propre pour permettre l'emploi de la houe à cheval et du buttoir. Sans ces deux circonstances, l'épuisement de la terre et la dépense de main-d'œuvre, tant pour la culture que pour l'arrachage et l'emmagasinage, sont rarement couverts par la récolte ; il faut donc, dans quelques cas même, restreindre cette culture aux besoins des gens de la ferme.

Cette digression a pour but de prémunir contre l'exagération dans laquelle tombent malheureusement trop souvent des novateurs ou des gens inexpérimentés, qui pensent que la jachère doit être tôt et toujours proscrite avec horreur, et qui font outre mesure des récoltes sarclées, se rendant esclaves d'un bon assolement qui devient bientôt pitoyable. Ainsi pour me résumer, on doit préférer une jachère complète avec de fréquents labours, ou mieux encore, une demi-jachère avec fourrage coupé en vert à une mauvaise récolte sarclée, dont la culture a de plus porté très souvent un grave préjudice à d'autres travaux par les nombreux sarclages qu'elle exige.

Je me hâte de revenir à la culture de la pomme de terre, afin qu'on ne pense pas que je veuille la proscrire ; car si dans la grande culture elle produit peu quelquefois, dans une culture soignée elle donne de très beaux résultats, et malgré la désastreuse maladie qui s'attache fatalement depuis quelques années à ce précieux tubercule, on ne saurait trop persévérer dans sa culture et dans la recherche des moyens propres à arrêter le fléau qui le détruit.

Les conditions de succès pour la pomme de terre sont un sol profondément cultivé (trente à trente-cinq centimètres), bien ameubli par deux ou trois labours, et convenablement amendé, fumé avec un fumier pailleux en terres humides et un fumier gras en terres sèches ; dans ces conditions, on obtient des récoltes surprenantes. J'ai souvent dépassé deux cents hectolitres par hectare. En 1847, deux hectares bien soignés m'ont produit *chacun* deux cent trente hectolitres, vendus 690 francs, pesant, à raison de soixante-quinze kilogrammes par hectolitre, dix-sept mille deux cent-cinquante kilogrammes, équivalant à huit mille six cents kilogrammes de foin sec, autant que deux hectares de bon pré.

On plante les pommes de terre de bien des manières : à la charrue de deux en deux raies, en les plaçant environ à cinquante centimètres de distance dans les lignes ; ou mieux, sur un terrain fraîchement labouré, un homme suit les raies encore visibles, fait, à la distance que l'on vient d'indiquer, des trous de douze à quinze centimètres de profondeur ; un aide femme ou enfant y place une pomme de terre, qui est aussitôt recouverte de terre meuble et fraîche. Ainsi plantée, la levée se fait régulièrement et est presque assurée ; on sarcle ensuite deux fois et on butte.

Pour la grande culture, lorsqu'on veut se servir de la houe à cheval et du buttoir, il faut pouvoir le faire en tous sens ; pour cela, on trace au rayonneur, à soixante centimètres environ, des lignes transversales au labourage qu'on doit faire, puis de trois en trois raies de charrue, on dépose un tubercule aux points de jonction ainsi marqués ; de la sorte, la houe et le buttoir passent en tous sens, et dispensent de toute autre main d'œuvre. Dès que la levée est complète, on donne un coup de herse énergique qui permet d'attendre pour le premier sarclage, après lequel on sarcle de nouveau et on butte.

Je ne saurais terminer sans rappeler l'attention sur une idée généralement répandue, que les très petites pommes de terre ne doivent jamais être plantées. En 1847, j'ai rassemblé toutes les plus petites, celles même dont on ne tire habituellement aucun parti ; comme il était très difficile de s'en procurer, même à haut prix, à cause de la maladie, je les donnai à des manœuvres qui, sans cela, n'eussent pu en planter. Ils furent inquiets toute l'année, et en butte aux plaisanteries de leurs voisins prétendant que leur travail serait perdu. Soit qu'ils aient pensé devoir cultiver avec plus de soin, soit toute autre circonstance, deux de mes manœuvres, les seuls qui fussent dans ce cas, récoltèrent dans le même champ, et dans les mêmes conditions que les autres, des pommes de terre réellement plus grosses et en égale quantité. Depuis lors, il n'en reste jamais à planter chez moi. On emploie même celles de la grosseur d'une balle ; on en place seulement deux ou trois au lieu d'une dans chaque trou, et nous n'avons pas jusqu'ici reconnu de différence avec les plants de grosses pommes de terre.

J'ajouterai, a l'appui de ce qui précède, qu'en 1847 j'ai reçu de M. le ministre de l'agriculture, comme directeur d'une ferme expérimentale, de la graine de pommes de terre. Semée dans un jardin (à la vérité), mais un jardin de campagne de fertilité moyenne, j'ai obtenu un grand nombre de tubercules de grosseur ordinaire (ils ont figuré à l'exposition des produits agricoles de Châlons-sur-Saône), quoique l'opinion généralement reçue soit qu'il faut trois ans pour arriver, par les semis, à ce résultat. J'engage donc les cultivateurs à s'assurer, par l'expérience des faits que je viens d'avancer, afin d'en tirer le parti qui pourra leur convenir. La récolte se fait soit à la houe à main, soit au buttoir attelé de deux bœufs ou deux chevaux de front, qu'on passe au-dessous des tubercules en refendant les buttes par le milieu ; les pommes de terre sont ainsi versées à droite et à gauche, et recueillies facilement ; un coup de herse achève ensuite de mettre à découvert les pommes de terre oubliées, et la terre se trouve préparée à recevoir une semence d'automne.

On devra, autant que possible, pour diminuer les ravages de la maladie des pommes de terre, les arracher par un temps sec, ou les laisser exposées à l'air, mais à l'abri du soleil, jusqu'à ce qu'elles soient bien ressuyées, avant de les rentrer ou de les renfermer en silos.

Je ne parlerai point des ressources que présente la pomme de terre, tout le monde sait de combien de manières elle s'emploie à la nourriture de l'homme, à celle des animaux et à leur engraissement ; généralement on doit la leur donner plutôt cuite que crue. On en fait aussi de belle farine connue sous le nom de fécule de pommes de terre, qui s'emploie pour les arts et pour la cuisine ; dans le nord, enfin, on en tire une mauvaise eau-de-vie et de l'alcool assez répandu dans le commerce.

Topinambours.

Les topinambours donnent d'abondantes récoltes dans un sol riche, mais comme ils entreraient difficilement dans un assolement régulier, à raison de la grande difficulté d'en purger le sol, on doit les reléguer dans un coin du domaine, en choisissant de préférence un sol sablonneux pour faciliter la récolte, qui est plus dispendieuse dans un sol gras et compacte. Le topinambour croît aussi et donne de bons produits dans les lieux ombragés impropres à la culture des autres plantes. Tout ce qui a été dit de la plantation et de la culture de la pomme de terre s'applique au topinambour, pour la première année *seulement*. Dès la deuxième année, on a peine à se servir de la houe à cheval, car les tubercules laissés en terre, quelque soin qu'on prenne à tout recueillir, forment au printemps une levée irrégulière qui ne permet plus l'emploi de cet instrument. Voici, pour un champ anciennement semé, le mode de culture le plus avantageux : la récolte doit se faire en arrachant les tiges réunies en faisceau, auxquelles adhèrent une partie des tubercules, puis on doit chercher avec la houe à main, qui en ramène encore à la surface. Comme les topinambours ne craignent pas la gelée, on doit, surtout dans les terres sablonneuses où on peut entrer en toute saison, ne les arracher qu'au fur et à mesure des besoins ; on évite ainsi les frais d'emmagasinage, et une perte de temps précieux dans la saison des autres récoltes et des semailles ; cependant il ne faut pas les laisser dans les terres humides, où ils pourriraient facilement.

Au printemps, lorsque la récolte est achevée, un coup de charrue est la meilleure culture qu'on puisse donner ; on recueille alors tous les tubercules qui sont ramenés sur le sol, puis on peut y faire passer des cochons, qui en laisseront bien peu. Lorsque les nouveaux plants sont levés, on donne un coup de herse afin de détruire les premières herbes qui ont paru, et, plus tard, un ou deux binages à la houe à main, selon l'état de propreté de la terre.

Le topinambour tend toujours à s'enfoncer; au bout de trois ans, dans un sol argilo-calcaire, j'ai trouvé des tubercules en notable quantité, à quarante et cinquante centimètres de profondeur.

Le topinambour offre une grande ressource pour tous les bestiaux; cuit il devient noir, et les dégoûte par sa fadeur, une addition de sel est nécessaire dans cet état; mais donné cru les porcs en sont avides; il est du goût des chevaux, des bêtes à cornes, même de la volaille, et il offre surtout une précieuse ressource pour les moutons, en l'ajoutant à leur nourriture sèche pendant l'hiver, dans la proportion d'un tiers en poids. On doit le laver et le couper avant de le donner.

Ce tubercule peut encore se servir l'hiver sur la table; il a par sa saveur beaucoup de rapport avec un excellent légume, l'artichaut. Les tiges du topinambour peuvent, en cas de disette, se donner en vert aux bestiaux, comme supplément de fourrage, mais la récolte des tubercules en souffre un peu; on les recueille sèches pour en chauffer le four.

On voit que si le topinambour a l'inconvénient de ne pouvoir se détruire facilement, il offre en compensation de grands avantages qui engagent à le cultiver :

1º Il ne demande point de semence annuelle;

2º Il ne craint point les gelées, et se récolte dans la saison où le temps est le moins précieux;

3º Il dispense de magasins pour le serrer;

4º Sa culture est peu dispendieuse;

5° Il est du goût de tous les animaux;

6° Enfin il donne d'abondants produits, égaux au moins à ceux de la pomme de terre. On pourra donc avec avantage, dans chaque ferme de quelque étendue, lui consacrer un champ, qui ne sera pas le moins productif; et lorsqu'on s'apercevra d'une diminution sensible dans les produits, il y aura toujours avantage à donner une fumure convenable. Dans tous les cas, une année de jachère, où on donnera une culture à chaque apparition du plant, doit beaucoup avancer sa destruction, et une récolte sarclée, maïs, betteraves ou autres doivent l'achever complétement.

Carottes.

Parmi les racines fourragères, la carotte est sans contredit la plus saine, une des plus utiles et des plus productives; cependant sa culture est jusqu'ici très peu étendue; deux choses principales s'opposent à son adoption, la difficulté qu'on rencontre dans la levée du semis et la dépense du premier sarclage, qui est surtout énorme lorsque le sol n'est pas bien nettoyé de mauvaises herbes. Sa récolte encore est dispendieuse, lorsque pour l'arrachage elle exige la houe à dents, à raison de la *consistance du sol*, qui ne doit cependant pas y faire renoncer : en effet, on a pensé longtemps que les sols légers et sablonneux convenaient seuls à cette plante, tandis que, comme j'en ai l'expérience, elle réussit très bien et donne des récoltes plus abondantes dans des terres de consistance moyenne, même un peu argileuses; j'ai eu des carottes de cinquante centimètres de longueur, de quarante centimètres de tour, parfaitement rondes et terminées par un fil, dans des terres composées, où dominait l'argile.

Culture.

Par la disposition qu'a cette plante à s'allonger, on voit qu'il faut un terrain meuble et cultivé profondément; ainsi une terre destinée à un semis de carottes devra être labourée à vingt-cinq ou trente centimètres de profondeur avant l'hiver, puis au printemps recevoir une forte fumure de fumier bien consommé, enterré par un labour peu profond, ou à l'extirpateur; peu de jours après on sème en lignes espacées de quarante à cinquante centimètres environ, tracées soit au cordeau pour la petite culture, soit à l'araire ou au rayonneur, soit enfin, ce qui m'a parfaitement réussi, comme la graine demande à être enterrée peu profond, avec une herse-Valcourt, attelée par le milieu, me servant de deux en deux seulement des lignes ainsi tracées; on emploie environ cinq kilogrammes de graine à l'hectare. Afin de ne point semer trop épais, on mélange la graine avec du sable bien sec; une femme suivant la herse en *jette* (pour la diviser), *au lieu de la déposer,* par petite pincée, de trente centimètres en trente centimètres environ, qu'elle recouvre avec le pied; elle peut ainsi facilement semer un tiers d'hectare dans sa journée; pour recouvrir la graine on peut encore employer la herse suivie du rouleau, mais le pied m'a paru suffire; on évite ainsi de nouveaux frais et de nouveaux piétinements des bestiaux. Si on sème à la volée sur un sol bien préparé, il faudra recouvrir à la herse, et surtout passer le rouleau, pour faire adhérer la graine à la terre, si on craint la sécheresse.

La graine de carotte étant très longue à lever, il faut semer dès que la saison le permet au printemps; on pourrait préparer la graine comme celle de betterave, pour hâter la germination. Dès qu'on peut le distinguer des mauvaises herbes, le jeune plant doit en être débarrassé par un sarclage soigneux, après lequel sa réussite est assurée, et il prend un développement rapide. Un ou deux nouveaux sarclages sont encore indispensables. Cette culture ainsi traitée, les carottes donnent souvent presque le double en poids et en volume d'une récolte de pommes de terre.

Aucune racine ne peut être comparée à la carotte comme supplément à la nourriture d'hiver pour les chevaux; tous la mangent avec plaisir, tandis qu'il en est peu qui touchent à la betterave. Pour être donnée aux bestiaux, la carotte doit être coupée très menue; elle rafraîchit les chevaux, leur donne un poil brillant et entretient leur santé, tandis que la pomme de terre les empâte, leur donne du ventre et les rend lourds.

Les bêtes à cornes et les moutons préfèrent aussi les carottes, qui leur conviennent comme aux chevaux, pour supplément de nourriture habituelle. Pour les bêtes à l'engrais seulement, elles sont inférieures aux betteraves et aux pommes de terre.

D'après ce que je viens de dire de la carotte-fourrage, je conseille à tous les cultivateurs d'en essayer la culture, persuadé qu'ils ne pourront plus y renoncer. En un mot, tous les animaux d'une ferme la recherchent avec avidité. La carotte rouge ou la carotte blanche à collet vert sont préférables pour la grande culture; elles équivalent à un tiers environ de leur poids en fourrages secs. Pour les conserver, il faut les emmagasiner bien sèches ; ainsi quand la saison est pluvieuse, on doit les laisser sous des hangars, exposées à l'air avant de les rentrer.

Panification.

En mars 1847, après bien des essais, je suis parvenu à faire entrer, pour un tiers, dans la fabrication du pain, des carottes blanches à collet vert ; j'ai rendu compte du procédé dans un rapport consigné aux *Annales Chalonnaises*, 1846 et 1847. Il consiste simplement à râper les carottes dans un vase quelconque, pour les ajouter, pulpe et jus, par tiers à la farine, au moment de la manipulation, *le levain étant fait comme à l'ordinaire avec de la farine seule.*

J'ai ainsi fait deux espèces de pain :

1º Le pain ordinaire de nos cultivateurs, savoir : moitié farine de froment et moitié farine d'orge.

2º Un autre pain composé d'un tiers farine de froment, d'un tiers farine d'orge et d'un tiers de carottes pulpe et jus, il a été ajouté environ trente grammes de sel par kilogramme de carottes, ce dernier est resté au four environ un quart d'heure après le premier. Ces deux pains offerts aux ouvriers n'ont pu être distingués par eux, en les mangeant.

Comme propriétaire, je n'ai point voulu continuer l'usage de la carotte ; on eût considéré cela de ma part comme une spéculation coupable ; mais si nous étions destinés à revoir une disette comme celle qui existait alors, je conseillerais à tous les cultivateurs d'essayer de ce procédé dont, j'en suis certain, ils retireraient un immense profit, surtout si nous devons être encore privés longtemps de la ressource des pommes de terre. J'ai fait aussi du pain de betterave, mais le goût en est fade.

Panais.

Le panais rend beaucoup moins que la carotte; il se sème en même temps et sa culture est à peu près la même; il ne craint pas les plus fortes gelées, ainsi on le laisse en terre jusqu'au printemps, moment où on doit le faire consommer; sa racine convient très bien à tous les animaux, elle est très riche en parties nutritives; on sème cinq à six kilogrammes de graine de l'année à l'hectare, en terre fertile et fraîche.

Betteraves.

La culture de la betterave a beaucoup d'analogie avec celle de la carotte, presque tous les sols lui conviennent, mais surtout ceux qui sont riches et profonds. On la sème en mars ou avril, en place ou en pépinière, à la volée ou en lignes, les semis en pépinière ont l'avantage de pouvoir être faits de bonne heure, et d'être facilement préservés des gelées que le jeune plant redoute beaucoup. On sème très rarement à la volée. Six à sept kilogrammes de graine par hectare suffisent. La culture en lignes est presque seule en usage; dans nos sucreries du centre, on a adopté un rouleau à bosses, conduit par un cheval, marquant deux lignes à la fois à environ soixante-six centimètres, le tassement opéré par la bosse indique la place de chaque graine, deux femmes suivent le rouleau, déposent d'une main deux à trois graines dans chaque trou, et de l'autre, les recouvrent avec un bâton plat, long de quarante centimètres environ, puis mettent le pied dessus. Le double tassement de la bosse et du pied a été reconnu comme favorisant et assurant seul la levée de la graine, dont le germe se dessèche sans doute, s'il n'est point au moment de son développement en contact immédiat avec la terre qui le recouvre.

A défaut de rouleau, on peut employer le moyen indiqué pour les semis de carottes, c'est-à-dire un rayonneur. Pour hâter la levée du semis, un excellent moyen est d'immerger la graine dans du jus de fumier auquel on a ajouté un peu de suie de cheminée ; retirée au bout de quelques heures, lorsqu'elle est bien imbibée, mise en tas et couverte, elle ne tarde pas à germer : on ne doit pas donner au germe le temps de trop s'allonger, on visite souvent sa graine, et dès qu'on aperçoit quelques points blancs, on se hâte de semer ; ainsi préparée, elle lève au bout de très peu de jours (Je conseillerais d'essayer de ce moyen pour la graine de carottes, mais il ne faudrait pas attendre la germination, le germe étant trop faible). Trois femmes peuvent semer un hectare dans la journée. Dès que la betterave peut se distinguer des mauvaises herbes, il faut se hâter de la sarcler, pourvu que le sarclage ne soit pas suivi de la pluie, qui ferait jaunir le jeune plant ; une fois ce premier travail bien exécuté, la réussite est presque assurée. On fera successivement deux ou trois autres sarclages toujours dans la poussière plutôt que dans la boue.

Si on a semé en pépinière, on plantera le jeune plant

à la grosseur du petit doigt dans un terrain bien meuble et bien préparé ; dans ces conditions, si on a planté de bonne heure, la reprise est certaine ; dès qu'elle est complète, on se hâte de donner un premier sarclage, puis successivement deux autres au besoin.

Toutefois, à moins de circonstances très favorables, le semis en pépinière et la plantation font plus de dépense et donnent moins de produits.

La houe à cheval ne peut guère être employée à cette culture, si ce n'est par une main bien exercée. Au premier sarclage, on pourrait détruire facilement la plante ; aux suivants, on nuit à sa croissance, soit en la couvrant de terre ou en attaquant sa racine.

Les betteraves donnent communément une récolte double en poids de celle des pommes de terre. Je ne parlerai pas de la fabrication du sucre, cela n'entre pas dans le cadre de cet ouvrage, je me bornerai à dire que les sucreries ont ouvert un grand débouché à l'agriculture.

La betterave est une des plus précieuses ressources pour remplacer pendant l'hiver les fourrages verts donnés à l'étable ; elle entretient le bétail dans un état de fraîcheur et de santé remarquable ; elle entre avec avantage dans la nourriture des bêtes à l'engrais, elle entretient leur appétit ; les bœufs, les moutons et les porcs en sont avides ; elle augmente la quantité du lait des vaches, mais non la qualité (quoi qu'on en ait pu dire), elle donne au contraire au lait une saveur fade et terreuse fort désagréable. Quant aux chevaux, il en est peu qui la mangent, c'est ce qui doit engager les éleveurs à semer la carotte, qui est du goût de tous.

La betterave de Silésie est en tous points, par ses qualités, préférable à la betterave champêtre ; cependant dans les terres blanches et froides elle ne grossit pas, pousse de nombreuses racines, se bifurque et est d'un arrachage dispendieux, tandis qu'on obtient de la seconde des produits passables, et qu'étant en partie hors de terre, elle s'arrache facilement. Mieux vaut ne pas effeuiller les betteraves, cela nuit à la récolte presqu'en pure perte, car les feuilles sont très peu nourrissantes et donnent la diarrhée au bétail.

Le produit moyen en betteraves est de quarante à cinquante mille kilogrammes par hectare ; il n'est pas rare de le voir dépasser de beaucoup, et aller jusqu'à quatre-vingt mille kilogrammes.

Comme toutes les racines, elles doivent être serrées sèches ; on ne doit pas les laisser exposées au soleil en les arrachant ; elles se conservent jusqu'aux premiers fourrages verts ; si on en a beaucoup à donner au bétail, on ne peut se dispenser d'un coupe-racine, pour éviter une grande perte de temps.

CHAPITRE X.

PLANTES COMMERCIALES,

OLÉAGINEUSES, TEXTILES ET TINCTORIALES.

Riz. — Houblon. — Chardon. — Tabac. — Colza. — Navette. — Cameline. — Moutardes blanche et noire. — Pavot. — Graine de courge.—Lin. — Chanvre. — Garance. — Gaude. — Safran.

Riz.

Il faut au riz, pour bien réussir, une température élevée, pendant quatre ou cinq mois de l'année. Il demande aussi l'exposition du midi sans ombrage. Le terrain destiné au riz doit être gras, humide et naturellement fertile. La présence habituelle de l'eau entretient cette fertilité, au point qu'on peut semer le riz sans engrais pendant plusieurs années. Si les terrains ne sont pas très fertiles, une fumure de temps en temps est très avantageuse.

Environné de toutes parts d'eau qu'il faut renouveler constamment, le riz y pompe presque toute sa nourriture, en sorte qu'il épuise très peu le sol. Son propre feuillage et la présence de l'eau préviennent aussi très efficacement l'évaporisation des principes fertilisants et la propagation des herbes; il en résulte que toutes les récoltes qui succèdent au riz sont nettes et très abondantes, et qu'on peut sans grands inconvénients, prolonger la culture du riz plusieurs années sur le même sol.

Quoique le riz préfère un terrain riche, il peut cependant donner de bons produits sur un sol peu fertile, pourvu que sa couche inférieure lui fasse retenir à sa surface l'eau et les matières fertilisantes. On dit que cette plante est très productive sur les terrains salés, ce qui peut rendre sa culture avantageuse sur certaines laisses de mer.

Les eaux préférables pour les rizières sont celles de rivières, puis celles d'étangs, lacs, mares ou marais; celles de sources ou de puits sont les moins convenables, comme les plus fraîches et les moins propres à la végétation; lorsqu'on est obligé d'y avoir recours, on doit les améliorer par un séjour dans des réservoirs découverts et peu profonds, et même en y mêlant des engrais animaux.

Le sol des rizières doit être labouré pour ameublir la terre et permettre aux. racines d'y pénétrer, mais les labours ne doivent pas être profonds surtout dans les terrains médiocres. Ainsi, la culture du riz ne peut être établie que dans un bon sol, disposé en plaine ou en pente douce, afin de rendre facile l'entrée et l'écoulement de l'eau; voisin d'une rivière ou de tout autre dépôt d'eau favorable; écarté le plus possible de toute plantation qui nuirait au riz en l'ombrageant et l'exposant aux dégâts des oiseaux et autres animaux.

Avant de procéder aux semis, une préparation particulière aux rizières consiste à diviser le sol, en compartiments à peu près égaux, carrés et contigus, dont l'étendue doit être proportionnée à la pente plus ou moins forte du terrain, et généralement de cinq à sept mètres de large. Ces planches sont séparées les unes des autres par de petites chaussées ou banquettes en terre, don on proportionne la hauteur et l'épaisseur au volume d'eau qu'elles doivent renfermer, et qui ont généralement soixante-six à soixante-dix centimètres d'élévation, sur trente-cinq à quarante centimètres de large. Ces banquettes permettent de parcourir les rizières en tout temps à pied sec, et de retenir les eaux à volonté ; elles sont percées d'ouvertures opposées pour l'introduction et l'écoulement des eaux. Le sol des planches doit être aplani et bien nivelé, afin que l'eau se maintienne partout à une égale hauteur.

L'époque favorable pour les semailles est ordinairement en avril pour les nouvelles rizières, et seulement au milieu de mai pour les anciennes, dont le sol, refroidi par une inondation prolongée, a besoin d'être réchauffé par l'action des rayons solaires auxquels il faut le laisser exposé. Au moment de semer on fait pénétrer l'eau, et lorsqu'elle est uniformément répandue à peu de hauteur, on y entre et on sème à la volée comme pour le froment. On sème aussi en rayons ou on transplante le riz, semé d'abord en pépinière lorsqu'il est parvenu à cinq ou six pouces de hauteur. Il est aussi des lieux où l'on n'introduit l'eau qu'après avoir semé et hersé.

Il est utile d'avoir préalablement fait tremper la graine dans de l'eau, jusqu'à ce qu'il y ait un commencement de germination. La semence doit avoir été conservée avec son enveloppe. On l'enterre à la herse.

Les façons d'entretien du riz consistent à suivre la distribution des eaux qui doivent être plusieurs fois renouvelées, et toujours un peu courantes pendant la végétation de la plante, et qu'on fait écouler une ou deux fois pour permettre les sarclages. Au bout de douze ou quinze jours, les premières feuilles du riz commencent à paraître hors de l'eau; il faut alors augmenter successivement la quantité de l'arrosement, de sorte que l'extrémité des feuilles soit constamment flottante à la surface de l'eau, jusqu'à ce que les tiges soient assez développées pour se soutenir; ce qu'on reconnaît à l'existence du premier nœud et à une teinte verte plus foncée. Alors on fait écouler l'eau pour donner plus de consistance aux plantes, et permettre l'enlèvement des mauvaises herbes; mais on ne tarde pas à remettre l'eau plus abondamment, dès que le riz jaunit et paraît souffrir. Cette nouvelle inondation active promptement sa croissance, et on l'entretient aussi complète et aussi haute que possible, surtout par les grandes chaleurs et à l'époque de la floraison. Assez souvent, vers la fin de juin, on retire encore une fois les eaux afin de sarcler les mauvaises herbes.

Le riz fleurit à la fin de juillet, et le grain se forme en quinze jours; plus il y a d'eau à cette époque, et plus les chaleurs sont fortes, plus on fait de riz. Dès que la maturité approche, ce qu'indique la couleur jaune, que prennent les épis et la paille. On fait entièrement écouler l'eau, et on dégage, à cet effet, les ouvertures jusqu'au bas des banquettes, afin que le terrain perde entièrement son humidité, pour faciliter les travaux de la récolte.

La récolte a lieu quand la couleur jaune foncée de la paille et de l'épi annonce une complète maturité; ce qui arrive ordinairement cinq mois après les semailles et vers la fin de septembre. Elle se fait à la faucille. On bottelle sur le champ en petites gerbes, qu'on lie avec des liens de paille de blé ou d'osier ; on bat ensuite au fléau ou de toute autre manière. Après la séparation du grain d'avec la paille, on vanne le riz et on le met sécher sous des hangars ou au soleil, en le remuant souvent, jusqu'à ce qu'il soit parfaitement sec. On passe ensuite le grain à trois différents cribles pour l'épurer parfaitement. Dans cet état le riz est enveloppé de sa balle, qui est très adhérente. Reste à le préparer et le blanchir, ce qui se fait au moyen de moulins ou autres machines.

L'un des grands avantages du riz, c'est sa facile conservation, qui le rend par suite très précieux pour les voyages de long cours, et pour les cas de disette (1).

Houblon.

Le houblon se plante en avril ou en mai ; on prend des rejets détachés des vieux pieds, qu'on place à un mètre soixante-dix centimètres, ou deux mètres de distance en tous sens, dans un sol riche, très profond, de consistance moyenne et pas trop humide. Un verger, un jardin, un pré nouvellement rompu, défoncés à cinquante centimètres, conviennent à merveille à cette plante, qui exige en outre une fumure abondante. Les tuteurs doivent avoir de cinq à six mètres de haut, être en chêne et écorcés.

En mars ou avril on taille un peu au-dessous du sol ;

____

(1) Extrait de Mathieu Bonnafous.

on recouvre la taille de cinq à six centimètres de terre,
très meuble, et on ne laisse développer qu'un ou deux
jets, supprimant les autres à mesure qu'ils paraissent.
La terre doit être tenue dans un parfait état de propreté.

Récolte.

On connaît la maturité du houblon à l'odeur aro-
matique que répandent les cônes, et à leur couleur
qui de verte devient jaunâtre. C'est alors qu'on doit
faire la récolte par un temps sec et lorsqu'il n'y a plus
de rosée. On coupe le houblon par le pied, on arrache
les perches, puis on cueille sur place ou à la ferme, en
disposant les perches horizontalement, de manière à
employer des femmes ou des enfants à cette opération.

On met le houblon dans des lieux très aérés, mais à
l'ombre, sur des claies où on le remue souvent, jusqu'à
parfaite dessiccation ; et dans cet état il est livré au commerce.

Chardon à carder.

Le chardon à carder réussit surtout dans les terres
fortes et profondes, il se plaît à l'exposition du midi, il
est bisannuel. La graine doit être de l'année ; on en emploie de huit à dix litres par hectare ; on la sème en
mars ou avril en lignes espacées de cinquante à soixante
centimètres. Après le premier sarclage, on peut entre
chaque ligne semer des navets, des carottes, des betteraves ou autre légumes sans nuire essentiellement à la
récolte ; on fait ensuite deux autres sarclages à la main,
et la récolte des racines intercalées en demande un troisième.

Les plants doivent être espacés à vingt-cinq ou trente centimètres dans les lignes ; on peut la première année regarnir les places vides par la transplantation. A la deuxième année, on sarcle et on butte ; on peut employer la houe à cheval à la première opération, et le buttoir à la seconde.

On doit enlever soigneusement les drageons qui poussent aux pieds des chardons. Une bonne méthode consiste à retrancher par le pincement, la tête principale au moment où elle paraît ; cette opération fait bifurquer la tige et augmente le nombre des têtes qui croissent plus également.

La récolte se fait dès que toutes les fleurs des têtes sont tombées, et que ces têtes prennent une couleur blanchâtre. Elles ne mûrissent pas toutes à la fois, aussi on les coupe à deux ou trois reprises au fur et à mesure de la maturité qui s'achève en trois semaines. On coupe les têtes en y laissant une tige d'environ trente-cinq centimètres et on les lie par paquets de cinquante qu'on suspend dans un lieu sec et aéré ; la dessiccation achevée, on les livre au commerce.

Pour obtenir de la graine, on laisse mûrir à part quelques pieds de choix. La récolte des têtes et de la graine achevée, on coupe les tiges et on les met en fagots qui servent à chauffer le four.

Cette culture est peu répandue, elle est restreinte aux pays de fabriques où elle donne un assez bon produit ; partout ailleurs on serait exposé à être embarrassé de sa récolte faute de débouchés.

D'ailleurs, comme cette culture est épuisante, et occupe la terre pendant deux années, il y a peu d'avantage à la multiplier ; d'autant plus qu'elle ne rend rien à la terre comme engrais.

Tabac.

Il y a plusieurs espèces et variétés de tabac :
1° Le tabac à larges feuilles.
2° Le tabac à feuilles étroites.
3° Le tabac en arbre.
4° Le tabac rustique.
5° Le tabac crépu.

Le tabac demande une terre très substantielle, profonde, ni trop légère ni trop forte, fraîche sans être humide. Les terrains limoneux d'alluvion, ceux à lin, à chanvre, à coton, les terrains neufs surtout sont ceux qui lui conviennent le mieux. Il est très sensible aux gelées ; aussi les terres chaudes bien exposées au soleil, les engrais très actifs et bien consommés sont ceux qu'on doit choisir. La terre qui lui est destinée, doit recevoir un ou plusieurs labours avant l'hiver, et un dernier au printemps immédiatement avant sa plantation ; la terre doit être parfaitement nettoyée et ameublie.

Le tabac qu'on a semé en février, à l'exposition du midi, sur une couche qu'on a préservé des gelées par des châssis vitrés ou des paillassons, se transplante fin avril en lignes espacées à trois pieds les unes des autres, et en quinconce, dans une terre humide et par un temps couvert pour faciliter la reprise.

Dans les pays chauds, on se contente de semer la graine à la volée, on éclaircit et on sarcle.

Les champs de tabac doivent être tenus constamment meubles et propres, par des sarclages répétés, soit à la houe à cheval, si on a planté en lignes, soit à la main, si on a semé à la volée. Plus tard, on butte les tabacs à la houe à main, ou au buttoir à cheval comme pour les sarclages.

Lorsque les tabacs ont atteint cinquante ou soixante centimètres, on coupe avant l'apparition des fleurs le sommet de chaque tige, ce qu'on appelle pincer ; on ôte les feuilles inférieures gâtées qui sont près de terre, et on diminue ainsi leur nombre en le réduisant à dix ou douze sur chaque plante. Cette diminution des feuilles, en faisant refluer la sève sur celles qui restent, contribue à augmenter le rapport et à améliorer la qualité de ces dernières. Mais comme le pincement fait pousser des bourgeons latéraux, il faut les supprimer avec soin dès qu'ils paraissent, parce qu'en se nourrissant au détriment des feuilles principales, ils en détériorent la qualité.

Les plantes destinées à porter graine sont cultivées dans un endroit particulier bien abrité, à l'exposition la plus chaude ; on les cultive comme les autres, seulement on ne les pince pas, et on ne touche pas à leurs feuilles.

La graine de l'année est toujours la meilleure.

Les fortes pluies, la grêle, les nuits froides, les orages frappent et déchirent les feuilles du tabac ; on les supprime à mesure que ces accidents ont lieu, et on en tire un tabac inférieur.

Le tabac a aussi sa chenille particulière, il faut la chercher le matin à la rosée, et la détruire à la main.

L'orobanche rameuse s'attache aux pieds et les étouffe, il faut l'arracher avec soin aussitôt qu'elle paraît.

Si les tabacs ont été bien soignés et que la saison ait été favorable, les feuilles doivent être dans un état parfait de maturité six semaines après le pincement ; on le reconnaît lorsqu'elles commencent à changer de couleur, à devenir jaunâtres, se penchent vers la terre, se rident, et deviennent rudes au toucher.

La récolte se fait le matin, lorsque les feuilles ne sont plus mouillées par la rosée, on coupe les tiges à deux pouces au-dessus du sol ; on les laisse sur place, on les retourne deux ou trois fois dans la journée, afin que l'air et la chaleur les frappent partout, et les sèchent également. Le soir même on les transporte sous un hangar bien aéré, on y étend les feuilles les unes sur les autres, on les couvre de toiles ou de nattes, puis de planches chargées de pierres, et on les laisse trois ou quatre jours dans cette position, pour qu'elles puissent se ressuyer et fermenter également.

Là se borne la tâche du cultivateur ; le tabac ainsi préparé se livre au commerce (1).

Colza.

Un sol riche, meuble et frais, est celui qui convient le mieux au colza ; cependant il réussit presque dans tous les terrains, même dans ceux qui sont argileux, pourvu qu'ils aient été préalablement fumés et bien ameublis par de bonnes cultures. Il faut pouvoir le préserver de l'humidité. Les amendements calcaires, la chaux surtout, employée en poudre à différentes époques, produisent les meilleurs résultats ; un fort chaulage, au moment de la semaille, éloigne la puce de terre et favorise la végétation ; semée, à la rosée, sur le jeune

(1) Extrait de *la Maison rustique*.

plant, la chaux en poudre détruit les limaces, et au moment de la floraison, elle éloigne les pucerons, qui dévorent la fleur à mesure qu'elle paraît.

Il y a deux sortes de colza : celui d'hiver et celui de printemps ; tout ce que je dirai s'applique aux deux variétés, mais celle d'hiver est de beaucoup préférable à l'autre, qui réussit rarement.

On sème, en juillet ou en août, de trois manières : à la volée, en lignes, ou en pépinière ; semer en place et en lignes est la manière la plus convenable, après des vesces pour fourrages, en enterrant une deuxième coupe de trèfle, ou après des céréales d'hiver. Il faut que la terre soit humide et bien fumée pour obtenir une prompte germination et un développement rapide, seul moyen de soustraire le jeune plant à la puce de terre ; on ne doit guère semer passé le 15 août. Un seul labour suffit pour semer le colza, si on ne peut en donner plusieurs ; mais il convient de bien niveler et ameublir le terrain par des hersages répétés ; pour semer en lignes, on se sert des moyens que j'ai indiqués à l'article *Carottes,* c'est-à-dire qu'on trace des raies de trois à cinq centimètres de profondeur et à trente ou quarante centimètres de distance ; on met huit à dix grains par trente-trois centimètres de longueur, on recouvre à la herse et on roule. Lors des sarclages, s'il y a des places vides, on les garnit avec des plants pris dans les endroits trop épais, laissant les autres de neuf à dix-huit pouces de distance, selon la fertilité du sol ; on doit sarcler avant l'hiver et au printemps. On aura pu faire plus tôt les semis en pépinières, depuis le 15 juin, par exemple, afin de hâter les transplantations, qui commencent au mois d'août, et réussissent rarement passé la première quinzaine d'octobre. On plante au plantoir à main ou à la charrue ; les semis en pépinière donnent le temps de mieux préparer la terre.

Les semis à la volée sont ceux qui entraîneront toujours le plus de frais de culture ; au printemps, on peut leur donner un coup de herse énergique, sans craindre de détruire quelques plantes, car il est rare qu'on se décide à n'en laisser que le nombre convenable.

Le colza semé en lignes à cinquante centimètres, se cultive à la houe à cheval ; quel que soit le genre de semis qu'on ait employé, il faut avoir grand soin de veiller aux saignées d'écoulement, car si la terre est trop humide, le colza ne résiste pas aux gelées.

La récolte du colza se fait en coupant les tiges, lorsqu'un tiers environ des siliques commencent à devenir jaunes et transparentes, et que les grains qu'elles contiennent sont noirs. Quoique les grains de beaucoup de siliques soient encore verts, ils arrivent presque tous à parfaite maturité dans des meulons qui se font immédiatement si la maturité est un peu avancée, ou vingt-quatre heures après le faucillage, si on a dû laisser sécher en javelles.

On forme des meulons dans les parties les plus élevées du champ, en plaçant les javelles circulairement, bout à bout, le sommet de la tige au centre ; on fait ainsi plusieurs lits superposés, en croisant un peu plus les tiges jusqu'à ce que le meulon ait atteint un mètre soixante à deux mètres de hauteur, et soit entièrement conique. Si on craint de grands vents, on assujettit la pointe du cône par un lien. Au bout de huit à dix jours, le colza est entièrement mûr, et peut être battu dehors sur des toiles, en grange, au fléau ou à la machine, selon les moyens dont on dispose. Si le temps est incertain, mieux vaut le rentrer à la rosée, quarante-huit heures après le faucillage, soit sous des hangars ou dans des granges, pour le battre avant qu'il se soit établi une trop forte fermentation, qui pourrait faire germer le grain et nuire beaucoup à sa qualité.

On doit toujours bien nettoyer la place de la meule, afin de pouvoir ramasser facilement la grande quantité de grains qui sortent des siliques, et qui sont les meilleurs.

Une bonne récolte de colza équivaut presque à une bonne récolte de blé; cependant elle est plus dispendieuse et très épuisante; elle donne vingt à vingt-cinq hectolitres à l'hectare ; quatre hectolitres cinquante litres de grains donnent un hectolitre d'huile et cent trente kilogrammes de tourteaux; elle rend moins à la terre, mais elle a l'avantage d'être d'un débit prompt et assuré, et de faire de l'argent au cultivateur, au moment où l'hiver et les cultures de printemps ont épuisé sa caisse, et où les récoltes en tous genres qui se préparent nécessitent de nouvelles ressources.

Je ne parlerai pas de la fabrication des huiles, cela n'entre point dans le plan que je me suis tracé; je me borne aux cultures. Je dirai seulement, en terminant, que le résidu des huiles, connu sous le nom de tourteau, entre très avantageusement dans la nourriture des bœufs, et que dans quelques pays il passe pour un puissant engrais pour la culture des terres.

Navette.

Tout ce que j'ai dit du colza s'applique à la navette, à l'exception du semis en pépinière, car elle ne se transplante pas.

Elle est moins difficile sur la richesse du sol ; mais elle donne en général des récoltes moins abondantes. On peut la semer un mois plus tard que le colza, ce qui donne le temps de soigner davantage la culture des terres qui lui sont destinées, qui doivent être préparées par deux ou trois labours, et fumées s'il en est besoin.

De toutes les plantes oléagineuses, la navette de printemps est celle qui se sème le plus tard ; elle peut, dans des sols riches, fournir une récolte après des vesces coupées en vert, et produire dans la même année ; elle remplace aussi avantageusement des récoltes manquées ; trois mois suffisent à sa végétation.

L'huile de navette est préférable à celle de colza ; cependant, dans nos campagnes, l'une et l'autre s'emploient dans les apprêts des ménages.

Cameline.

La cameline préfère les sols légers et sablonneux ; on l'y sème dans la première quinzaine de juin, et plus tôt, en sol argileux. De même que les autres plantes oléagineuses, elle exige un sol meuble et fertile ; elle a sur elles le grand avantage de n'être exposée ni à la puce de terre ni au puceron qui ne l'attaquent jamais.

Comme elle se sème tard, elle sert à remplacer les récoltes qui n'ont pas réussi. Les semis se font à la volée à raison de huit livres par hectare ; la graine étant très fine, elle doit être peu enterrée avec une herse légère ; il est bon aussi de la rouler.

La récolte et le battage se font comme celle du colza ; son huile n'est bonne qu'à brûler, et les tourteaux, à l'engrais des terres.

Moutarde blanche.

La moutarde blanche se sème d'avril en mai, quelquefois avec la cameline ; elle produit peu.

Moutarde noire.

La moutarde noire se sème en mars, elle demande un terrain très riche, très meuble et bien cultivé, qu'elle épuise et salit toujours, par la facilité avec laquelle éclatent ses siliques, dont les graines conservent plusieurs années dans le sol leur faculté germinative. Sa récolte est très incertaine, et souvent presque nulle ; toute autre culture de printemps sera toujours plus avantageuse dans le terrain qu'elle exige.

Pavot.

Le pavot se contente d'un sol léger, sablonneux et même graveleux, mais riche et profond ; il se sème à la volée à raison de quatre à cinq livres par hectare ; en février et même en janvier, si le sol est ressuyé. La graine étant très fine, doit être légèrement couverte avec un châssis garni d'épines, et roulée ; le sol avant la semaille aura dû être bien nivelé et égalisé.

Le pavot demande un ou deux sarclages, qu'il faut éviter avec le plus grand soin de faire par un temps humide ; nulle plante n'en souffre autant. Au second sarclage, lorsque les feuilles ont huit ou dix centimètres de longueur, les pavots doivent être espacés à quarante ou cinquante centimètres.

On cultive deux variétés de pavots, les blancs dont les têtes restent fermées après la maturité, les gris dont la tête s'ouvre, et qui exigent beaucoup de précautions. On doit arracher ces derniers aussitôt que les têtes jaunissent, et les dresser sur-le-champ en gros faisceaux, que l'on fixe avec un lien, pour les laisser mûrir en cet état. Les blancs se récoltent seulement lorsqu'ils sont mûrs, en coupant les têtes qu'on met de suite dans des sacs, et qu'on transporte sur un grenier bien aéré, où on les remue de temps en temps.

La récolte moyenne est de quatorze à quinze hectolitres par hectare, et quoiqu'un peu moins productifs, je serais tenté de leur donner la préférence ; car si pour le gris on considère l'augmentation de dépense occasionnée par les précautions à prendre, la perte qu'on peut éprouver par les vents, s'il y a quelques jours de retard dans la récolte, la difficulté de saisir le bon moment pour obtenir la complète maturité de toutes les têtes, on sera bientôt de mon avis.

Le pavot donne une huile bien préférable pour le goût à toutes celles des autres plantes oléagineuses dont nous avons parlé ; elle est connue dans le commerce sous le nom d'huile d'œillette.

Un hectolitre de graine donne vingt-huit litres d'huile.

C'est aussi des pavots qu'on tire l'opium ; cette récolte, qui a été essayée dans le midi de la France, a donné d'heureux résultats sous le rapport du rendement et de la qualité des produits.

Courge-potiron.

Je crois devoir parler ici d'une huile peu connue, celle de graines de courge ou potiron.

Dans les départements de l'est, où les courges se cultivent en grand dans les maïs, il s'en récolte une quantité telle, que dans les grosses fermes on en recueille les graines, qu'épluchent les enfants, dans les longues soirées d'hiver, et dont on fait une huile légèrement verte, d'un goût très agréable ; j'en ai mangé souvent. Elle est bien préférable aux mauvaises huiles d'olives falsifiées, qu'on rencontre dans le commerce.

La place des courges devait être naturellement aux plantes fourragères ; cependant j'ai cru devoir parler ici de cette huile très peu connue, et on doit faire si peu de cas de la courge pour la nourriture des bestiaux, que je n'y reviendrai pas sous ce rapport, laissant aux ménagères et aux maraichers seuls le soin de cultiver cette plante, comme variété d'aliments et non autrement ; car son huile même est trop peu abondante pour qu'on y songe comme produit.

Lin.

Le lin se sème en mars et avril, à raison de deux cents à deux cent cinquante litres par hectare, pour obtenir de la filasse ; et cent litres seulement, si c'est pour de la graine. Les terres qu'on lui destine doivent être très riches, très meubles, très propres, et bien préparées par des cultures répétées. On ne peut sans de graves inconvénients augmenter la richesse du sol par de nouvelles fumures, au moment de la semaille, si ce n'est avec des

engrais pulvérulents d'une division exacte très facile ;
afin que dans la végétation il y ait égalité parfaite, ce
qui ne peut s'obtenir avec d'autres fumiers ; attendu
que les grains en contact immédiat avec les parcelles
d'engrais mal divisés, se développent avec plus de vigueur que les autres, se ramifient, donnent une filasse
de moins bonne qualité, et nuisent à l'accroissement des
plants voisins, inconvénients qu'il est indispensable
d'éviter.

On ne doit pas chauler les terres destinées au lin, cet
amendement lui est contraire.

Le lin donne d'excellents produits en première récolte
et après un seul labour sur un pré rompu, un défriche-
ment de bois, un marais assaini, ou un trèfle. La graine
se recouvre par un léger hersage ; et si la terre est sèche,
le rouleau est indispensable pour la tasser.

On ne peut se dispenser de donner un sarclage au lin ;
cette opération doit se faire par un temps sec avec bien
des précautions, lorsque le lin a atteint cinq à six pouces, et pieds nus, pour ménager les plantes ; il est bon
de passer une seconde fois dans les champs, pour en
arracher, à la main, les mauvaises herbes. Le lin donne
peu de graine, il est en général plus avantageux de
l'acheter que de la récolter ; d'autant mieux qu'il est
bon de la changer souvent. Celle de Riga est la plus estimée. On doit toujours laisser un espace de cinq à six
ans avant de remettre du lin dans une terre qui vient
d'en porter ; aussi comme on a dû employer un sol très
riche, un semis de trèfle, de luzerne et de carottes peut
y être fait simultanément avec avantage.

Récolte.

Le lin se récolte lorsque les feuilles de la tige jaunissent; on le lie à poignées, qu'on réunit par trois avec un seul lien près des têtes, et on le place debout, en écartant les pieds, pour le laisser ainsi pendant huit à dix jours, jusqu'à maturité complète de la graine, qu'on détache en battant séparément chaque poignée sur un billot.

Rouissage. Après la séparation de la graine, on opère le rouissage, soit à l'eau, soit sur le pré; la première méthode est préférable, quoiqu'elle demande beaucoup de soins; mais elle est plus sûre que la seconde, dont le succès est souvent subordonné aux circonstances atmosphériques; ainsi par un temps très sec on ne peut obtenir des filasses de belles qualités; elles sont fort belles au contraire, si les rosées sont abondantes, et qu'il y ait quelques pluies.

Je ne parlerai pas de l'extraction de la filasse et de son emploi, ceci rentre dans la partie industrielle que je n'ai pas l'intention de traiter.

Chanvre.

Le chanvre se sème en mai, à raison de deux cent cinquante à trois cents litres par hectare, autant que possible après une pluie abondante, dès que la terre est assez ressuyée pour permettre l'action de la herse; on ne doit attendre de bonnes récoltes que des sols très riches, très meubles, souvent et profondément labourés. On peut employer une portion de l'engrais en couverture aussitôt après la semence, et on doit veiller la première apparition de la plante, afin de faire garder soigneusement la chènevière, qui serait bientôt ravagée par les poules et les moineaux, qui sont très friands de la graine et l'arrachent, brin à brin, pendant plusieurs jours.

Le chanvre a cela de particulier qu'il semble réussir mieux dans un terrain qui en a déjà produit; mais comme il demande une énorme quantité d'engrais et des labours profonds, il est possible que ce qu'on prend pour une particularité qui lui est propre, ne soit dû qu'à l'addition croissante d'engrais nouveaux donnés chaque année à cette plante, qui, sous ce rapport et celui des travaux qu'elle réclame, ne doit, que dans des cas bien rares, être l'objet d'une grande culture. Aussi, dans la plupart des contrées de la France, chaque cultivateur ne réserve qu'un petit espace près de sa maison, à cette plante destinée uniquement à l'entretien du linge de la ferme.

Pour la récolte, au lieu d'arracher, comme dans la plupart des pays, le chanvre mâle brin à brin, afin de réserver la femelle pour la graine, il est préférable de couper et de lier à poignée, comme le lin, le chanvre mâle et femelle aussitôt après la floraison; on obtient ainsi une filasse de meilleure qualité. Un moyen de se procurer de la graine, c'est de semer à part un coin qui y soit destiné, ou mieux encore, comme cela se pratique dans quelque pays, on entoure les cultures sarclées, le long des routes ou dans les champs, d'une bordure de chanvre qui préserve les récoltes de la dent du bétail, qui ne touche jamais à cette plante.

Quant à la manière de battre la graine, et au rouissage, ce que l'on a dit du lin s'applique également au chanvre.

Le chanvre sert à faire du linge, des cordes et de l'huile ; on fait encore le commerce de sa graine pour les oiseleurs

Le chanvre de Piémont, introduit depuis quelques années, mérite surtout de fixer l'attention des cultivateurs par la supériorité de ses produits et par sa rusticité, puisqu'il se contente de terres de qualité très médiocres, surtout sablonneuses et légères, et d'une moindre quantité d'engrais.

Garance.

La garance se multiplie de deux manières, soit par le semis, soit par la plantation des rejetons ; ce dernier moyen est plus prompt et plus lucratif ; mais pour entretenir la vigueur des plants, il est bon de revenir quelquefois au semis. L'époque de la plantation varie selon les climats, de février en mai ; on y emploie trente à quarante quintaux de racines fraîches. Il faut un sol sablonneux, riche et profond, cultivé à cinquante ou soixante centimètres, et auquel on doit encore donner les fumures les plus abondantes, tous les ans, pendant qu'il est occupé par la garance.

On dispose le sol en planches d'inégale largeur, qui doivent avoir, les unes un mètre, les autres trois alternativement. On plante les racines en lignes à cinquante centimètres de distance dans les planches de *trois mètres* ; les autres, celles de *un mètre*, sont laissées vides pour y prendre la terre nécessaire à rechausser les jeunes plants dès qu'ils ont atteint quinze à vingt centimètres de hauteur.

On doit ensuite, par des sarclages et des binages répétés, entretenir le sol dans un parfait état de propreté.

On opère de même l'année suivante, c'est-à-dire qu'on rechausse et qu'on sarcle. Les garances plantées restent dix-huit mois en terre. Au bout de ces dix-huit mois environ, on arrache la garance en faisant, à la profondeur des plus basses racines, une tranchée qu'on entretient toujours ouverte, en rejetant la terre derrière soi, à mesure qu'on avance. On calcule qu'il faut de cent cinquante à cent soixante journées d'ouvriers par hectare, pour l'arrachage. On ne doit pas laisser les racines exposées à la pluie ; il faut les transporter de suite dans un lieu sec, aéré et à l'ombre, pour en opérer la dessiccation.

Les racines se livrent dans cet état au commerce, qui les fait encore passer dans des étuves ou des fours, pour en faciliter la pulvérisation par des moulins qui n'ont pas d'autre destination.

On voit que cette plante exige des frais de culture considérables, des sols riches, une masse énorme d'engrais, et de plus des usines appropriées à son commerce, ce qui dispense de faire ressortir tous les inconvénients qu'il y aurait à l'adopter ailleurs que dans les pays qui lui sont propres.

Une récolte manquée occasionnerait donc des pertes considérables, et une bonne récolte mettrait dans le double embarras d'un produit sans écoulement ou d'une exportation sans profit.

Cependant, on doit dire qu'outre la belle teinture que produit la garance, on en tire un fourrage assez abondant et de bonne qualité, et que le sol reste, après l'arrachage de cette plante, dans les meilleures conditions pour recevoir des prés artificiels.

7.

Gaude.

Il existe deux espèces ou variétés de gaudes, l'une qui se sème au printemps et l'autre à l'automne ; celle de printemps est si dispendieuse, à raison des sarclages minutieux qu'elle exige, qu'on doit lui préférer celle d'automne qui peut d'ailleurs se semer dans une récolte sur pied, au moment du dernier sarclage, pourvu qu'il n'y ait pas à fouiller la terre pour enlever cette récolte ; ainsi dans du maïs, des haricots ou des fèves semés en lignes, on sème à la volée sept à huit kilogrammes de graine à l'hectare ; il est bon de la faire tremper quelques jours. On doit choisir une terre de consistance moyenne et très propre. Cette graine étant très fine doit être couverte légèrement avec une herse d'épines et roulée ; la gaude semée en août se sarcle au printemps dès qu'elle commence à monter ; on espace les plants environ à quinze ou dix-huit centimètres ; s'il repousse des herbes, elles s'arrachent à la main.

Dès que les graines sont noires au tiers ou au quart de la hauteur des tiges environ, et qu'on cesse de voir des fleurs au sommet, on peut arracher la gaude ; les feuilles et les tiges sont encore vertes alors, mais elles ont bientôt pris en séchant une belle couleur jaune, seul état dans lequel la gaude se vend facilement ; on l'obtient en laissant javeler pendant cinq à six jours en javelles bien minces qu'on retourne quand le dessus est jaune ; on ne peut opérer ainsi que par le beau temps, car la moindre pluie fait perdre à la gaude toute sa valeur, autrement, il faut la dresser contre des haies, des murs ou d'autres appuis, et l'y laisser jusqu'à ce qu'elle soit parfaitement sèche.

Cette plante est à la fois tinctoriale et oléagineuse ; ses tiges fournissent une belle teinture jaune, et sa graine une bonne huile à brûler ; mais elle se cultive surtout pour le premier usage.

Safran.

Le safran a beaucoup de rapport avec le colchique des prés ; ses fleurs d'un brun pourpre sortent presque à fleur de terre de tubercules gros à peu près comme une noix ; elles paraissent en octobre, viennent ensuite des feuilles très étroites d'un vert gris. Le fruit ne paraît qu'au printemps suivant.

Le safran est originaire des montagnes de l'Europe méridionale, du nord de l'Afrique et du nord-ouest de l'Asie ; on le cultive maintenant dans presque toutes les contrées de l'Europe ; il paraît néanmoins qu'il ne peut supporter un froid au-dessus de douze degrés et demi Réaumur. Les terres calcaires lui conviennent particulièrement.

Le produit du safran consiste surtout dans les parties florales ; on commettrait une grande erreur si on destinait à cette plante un sol bien fumé ou naturellement très fertile : car l'exaltation du parfun et l'intensité de la couleur ne peuvent s'obtenir que dans les climats chauds, ou dans les terres un peu sèches et arides.

Le safran occupe le sol pendant plusieurs années, il ne peut par conséquent pas entrer dans les assolements ; il peut venir après la plupart des plantes, pourvu qu'elles n'épuisent pas trop le sol et le laissent en bon état de propreté et d'ameublissement.

Comme la plantation du safran n'a lieu que de juin

en août, on peut récolter avant, dans la même année, des vesces coupées en vert pour fourrage. Après le safran, on cultive avec succès toute espèce de plantes, parce que n'arrivant jamais à graine, il épuise peu le sol.

Le safran ne doit revenir que tous les sept ou huit ans dans le même sol; on peut donc lui faire succéder avec avantage une prairie artificielle, luzerne ou sainfoin.

Lors de l'arrachage des bulbes après la dernière récolte, on aura soin de les stratifier avec une terre poreuse et un peu sèche, afin qu'ils ne puissent ni végéter, ni pourrir, ni sécher. Avant de les remettre en terre, on les passe en revue, afin de les débarrasser de toute substance étrangère, de l'ancienne peau et de l'oignon-mère; on rejette les tubercules qui sont allongés et pointus, ceux qui ont été attaqués par les insectes, ceux qui sont pourris ou meurtris, et ceux qui laissent voir à nu une chair blanche dépouillée de pellicule.

Après avoir préparé convenablement le sol par des labours profonds, complétés par l'extirpateur et la herse, on prépare au cordeau et à la houe à main une rigole de seize centimètres de profondeur, dans laquelle un ouvrier dépose à mesure des tubercules à neuf centimètres de distance. Cette rigole achevée on en recommence à douze centimètres une nouvelle dont la terre sert à boucher la première, et ainsi de suite jusqu'à ce qu'on ait achevé la plantation. On plante ordinairement en août, il faut environ six cent mille tubercules par hectare.

Quelques semaines après la plantation, on voit sortir de terre un bourgeon bleuâtre; il faut alors détruire les mauvaises herbes, et donner un binage léger, afin de ne pas offenser ces jeunes pousses qui contiennent la fleur ; on laisse les choses en cet état jusqu'à la récolte, et on la préserve de la dent des animaux sauvages qui font de grands dégâts dans les safranières. Vers la mi-octobre, on procède à la récolte de la manière qui sera indiquée ; en novembre, **on** doit encore préserver avec soin la safranière de la dent des souris, des rats, des mulots et autres animaux qui en rongent les tubercules et les feuilles naissantes qui ne tombent qu'en juin de l'année suivante ; la seconde et la troisième année, les soins se bornent à des binages de manière à ne pas laisser développer la moindre herbe ; les récoltes se font de même en octobre.

On ne laisse pas subsister une safranière au delà de trois ans ; les oignons-mères se reproduisant au-dessus et de côté, il en résulte que les pousses sont si irrégulières, et les rangées tellement confondues, qu'en faisant les binages ou la récolte, on ne peut éviter d'écraser et de détruire une grande quantité de plantes ; de plus, les oignons passé cette époque sont atteints par plusieurs maladies.

Après la récolte de la troisième année, on arrache les tubercules.

Récolte.

Les fleurs de safran ne paraissent pas toutes en même temps, on doit le matin seulement parcourir la plantation pour prendre les fleurs épanouies, si on attendait plus tard, elles se faneraient ou se fermeraient, ce qui rendrait l'épluchage beaucoup plus difficile.

Les fleurs sont apportées à la maison, étendues sur

des draps, et on procède immédiatement à l'épluchage ; on coupe les ramifications du stigmate un peu au-dessus de leur point d'insertion sur le style ; ce sont ordinairement des femmes qui font cette opération, mais on ne doit pas les charger de la cueillette à cause de leurs robes qui, chargées de rosée et de boue, cassent ou salissent toutes les fleurs naissantes qu'elles touchent ; on doit y employer de petits garçons.

On procède immédiatement à la dessiccation ; on la fait quelquefois à l'ombre dans un endroit sec ; mais l'opération traîne en longueur et le safran perd de sa qualité, car on sait l'influence qu'exerce la lumière sur les couleurs végétales un peu fugaces. Il vaut mieux la faire à la chaleur du feu ; on prend du charbon bien pur ou du coke, on l'allume, et à un pied au-dessus on suspend un tamis dont la toile est couverte d'une feuille de papier blanc : c'est sur cette feuille qu'on place le safran épluché à une épaisseur d'un pouce environ ; de temps à autre on le retourne jusqu'à ce qu'il soit sec et friable. Cette opération est délicate ; le safran séché est mis dans des boîtes doublées en parchemin ; on l'y dépose bien légèrement, parce que si on l'y foulait il se réduirait en poussière ; mais environ deux heures après qu'il a été déposé dans la boîte, il redevient flexible et on peut le serrer un peu ; on met alternativement une couche de safran et une couche de papier, et on ferme bien hermétiquement.

Un hectare produit environ trente à trente cinq kilogrammes de safran sec pour les trois ans. Le produit des oignons est ordinairement moitié en sus de ce qu'on a planté.

Le safran revient à peu près au cultivateur à trente-six francs le kilogramme, il se vend environ soixante.

Dans les pays vignobles, il est prudent de ne pas semer une grande quantité de safran, parce que sa récolte arrivant à la même époque que les vendanges on risque de manquer d'ouvriers.

CHAPITRE XI.

ASSOLEMENTS.

On appelle assolement une succession de cultures déterminée à l'avance pour un certain nombre d'années. Pour tout homme qui a pratiqué, la définition seule du mot peut lui donner de la défiance pour la chose ; aussi dans les pays de culture avancée et surtout de culture industrielle, on dit que *le meilleur assolement est de n'en pas avoir*. On ne concevrait pas en effet qu'un *novateur* partisan des assolements, ne voulût pas s'en écarter ; trop de circonstances en agriculture détruisent ou modifient les projets et les espérances. Ainsi la température, le mauvais état des terres, trop d'herbes, pas assez de fumier, sont autant d'obstacles qui se rencontrent chaque jour pour arrêter un cultivateur dans ses projets ; mais s'ensuit-il de là qu'on ne doive point, en commençant la culture d'un domaine, avoir un plan arrêté ; je ne le pense pas.

Je conseillerais donc à tout cultivateur, après avoir étudié la nature de son sol, les besoins du pays, les débouchés qu'il présente, d'arrêter à l'avance une série de culture qui lui semblera la plus avantageuse.

Le but principal de tout assolement devra être d'augmenter les fourrages, car partout l'engraissement et l'éducation des bestiaux est lucrative et insuffisante, et la production des engrais au-dessous des besoins.

Parmi les nombreux assolements qui ont été proposés, l'assolement quadriennal est un de ceux qui semblaient présenter le plus d'avantages ; cependant le trèfle revenant trop souvent dans les mêmes champs ne donnait plus d'aussi beaux produits, et les herbes qu'il laissait après lui nuisaient aux récoltes suivantes ; on reprochait aussi à cet assolement de donner peu de blé, j'ai pensé que tel que je l'ai modifié dans le tableau *placé à la fin de ce chapitre,* il obviait à tous les inconvénients.

Je conseille à tout cultivateur d'avoir pour chaque terre composant son domaine un compte ouvert, qui aura en tête un tableau comprenant dans sa moitié les successions de cultures indiquées par son assolement pour une ou deux séries entières, et en regard l'autre moitié laissée en blanc pour y inscrire la récolte qui lui sera réellement confiée chaque année ; ce tableau indiquera ainsi d'un coup d'œil les différentes récoltes qui se seront succédé, et l'alternance sera facile ; au-dessous il établira chaque année le rendement et le prix de revient de chacune d'elles.

On verra par cet assolement que je ne proscris pas la jachère ; j'ajouterai même que dans le début d'une exploitation, elle est souvent indispensable ; que les récoltes sarclées (et j'en ai l'expérience) sont loin de payer toujours les frais qu'elles occasionnent, si les terres sont maigres et infestées de mauvaises herbes, et le tort qu'elles font aux autres récoltes, si on ne dispose pas d'une grande quantité de fumier. On pourra donc pendant un temps restreindre considérablement les récoltes sarclées, les remplacer par une jachère complète en cas de malpropreté des terres, et par une demi-jachère avec vesces, lentilles, sarrasin ou maïs pour fourrage, en cas de disette de fourrages et d'engrais. La jachère complète consiste à donner à une terre plusieurs cultures successives pendant une année, uniquement pour détruire les mauvaises herbes et sans lui demander de récolte. La demi-jachère suppose une récolte printanière enlevée, après laquelle on donne deux labours ou traits d'extirpateurs avant la semaille.

Les intempéries ou des besoins momentanés du commerce peuvent encore modifier un assolement ; dans ce cas, par une bonne culture et des remplacements judicieux, on se réserve le moyen d'y rentrer sans bouleversement complet dans les rotations arrêtées.

Je dirai, en résumé, que chacun peut choisir son assolement en se rappelant seulement comme principe qu'il faut produire la plus grande quantité de fourrages possible, pour arriver à une forte proportion d'engrais dont on n'a jamais assez ; qu'une plante quelconque n'aime pas à revenir trop souvent dans le même sol ; qu'il faut en conséquence varier ses cultures, choisissant les plus lucratives et les plus appropriées aux besoins de la localité.

SÉRIES.	PREMIÈRE SOLE.		DEUXIÈME SOLE.	
	Première série de quatre ans.		**Première série de quatre ans.**	
1re année.	Récolte sarclée ou jachère.	Récolte sarclée.	Blé.	Orge et avoine.
2e année.	Blé.	Avoine et orge.	Vesces.	Trèfle.
3e année.	Vesces.	Trèfle.	Blé.	Blé.
4e année.	Blé.	Blé.	Récolte sarclée.	Récolte sarclée ou jachère
	Deuxième série de quatre ans.		**Deuxième série de quatre ans.**	
1re année.	Récolte sarclée.	Récolte sarclée ou jachère.	Avoine ou orge.	Blé.
2e année.	Orge et avoine.	Blé.	Trèfle.	Vesces.
3e année.	Trèfle.	Vesces.	Blé.	Blé.
4e année.	Blé.	Blé.	Récolte sarclée ou jachère.	Récolte sarclée.

Cet assolement, tel que je l'ai modifié, m'a paru un des meilleurs; on voit en effet par ce tableau dans lequel, pour être mieux compris, j'ai divisé chaque sole en deux parties :

1° Que par une heureuse combinaison, il donne, sans trop fatiguer la terre, trois récoltes entières de fromen en huit ans, ou trois huitièmes par année;

2° Que les céréales épuisantes, orge et avoine, ne reviennent que tous les huit ans dans le même sol, ou occu- pent un huitième seulement par année;

3° Que le trèfle ainsi alterné avec les vesces ne reparaît également que tous les huit ans dans la même partie ce qui lui assure le succès, et donne le temps de nettoyer la terre;

4° Qu'indépendamment des prairies naturelles, des prairies artificielles permanentes, telles que luzerne ou sain

TROISIÈME SOLE.		QUATRIÈME SOLE.	
Première série de quatre ans.		**Première série de quatre ans.**	
Trèfle.	Vesces.	Blé.	Blé.
Blé.	Blé.	Récolte sarclée ou jachère.	Récolte sarclée.
Récolte sarclée ou jachère.	Récolte sarclée.	Blé.	Avoine ou orge.
Blé.	Orge ou avoine.	Vesces.	Trèfle.
Deuxième série de quatre ans.		**Deuxième série de quatre ans.**	
Vesces.	Trèfle.	Blé.	Blé.
Blé.	Blé.	Récolte sarclée.	Récolte sarclée ou jachère.
Récolte sarclée.	Récolte sarclée ou jachère.	Avoine ou orge.	Blé.
Orge ou avoine.	Blé.	Trèfle.	Vesces.

foin, des racines permanentes, telles que topinambours, toutes choses dont on doit toujours supposer l'existence dans une ferme, les plantes fourragères et les racines occupent habituellement moitié de l'assolement;

5º Qu'enfin je n'exclus pas impérativement la jachère qui peut faire aussi le tour de la ferme en huit ans (s'il en est besoin).

Chaque année les récoltes sarclées doivent recevoir la majeure partie des fumiers, le reste sera réparti suivant les besoins.

On comprend que par récoltes sarclées j'entends parler de toutes les plantes fourragères, farineuses et légumineuses qu'on pourra alterner à l'infini, et que le trèfle et les vesces pourront être remplacés par tous autres fourrages annuels.

CHAPITRE XII.

ANIMAUX DOMESTIQUES.

ÉLEVAGE. — ENTRETIEN. — ENGRAISSEMENT.

Élevage des chevaux.—Élevage et amélioration de la race bovine.
— Bêtes de travail. — Vaches laitières. — Bœufs à l'engrais.—
Moutons. — Élevage et engraissement des porcs. — Chèvres.

Élevage des chevaux.

Je n'ai pas le projet de parler ici de l'élevage des chevaux de luxe, ce n'est point l'affaire d'un cultivateur ;
je ne m'occuperai donc que des chevaux de trait, ou de
ceux dits à *deux fins*. Lorsqu'on habite un pays où on
peut se livrer avec profit à cette spéculation , *si on a
des pâturages, non fauchables, de quelque étendue,*
on doit faire un choix de bonnes juments poulinières,
afin de cultiver, tant avec elles que plus tard avec leurs
poulains de l'âge de trois à cinq ans, époque à laquelle
on les livre avec le plus d'avantage au commerce, quelle
que soit leur destination.

Les jeunes chevaux peuvent s'accoupler après trois
ans révolus, il serait mieux cependant de retarder jusqu'à quatre ou cinq ans le premier accouplement ; les
étalons sont bons pour la monte jusqu'à l'âge de dix à
quinze ans et plus , selon qu'on les a ménagés ; les juments produisent jusqu'à vingt ou vingt-cinq, et quelquefois plus. Pour améliorer les races, on doit toujours
chercher, autant que possible, un étalon qui puisse par

ses formes corriger dans le produit les vices de confirmation de la mère.

Les juments portent onze mois; afin de ne pas être privé du service de toutes en même temps, on pourrait faire la monte à deux époques : en mars et en juin; toutes les juments, d'ailleurs, ne retiennent pas; on ferait saillir celles qui ne seraient pas pleines à la seconde saison; les poulains arriveraient ainsi aux deux époques de l'année où les travaux sont moins multipliés. On est dans l'habitude de saigner, deux ou trois jours avant la saillie, les juments qui ne retiennent pas; il serait préférable de mieux nourrir les maigres et moins bien les grasses.

Les juments pleines, ou qui allaitent, doivent recevoir une bonne et abondante nourriture en foin, grains et carottes; leur boisson doit être de l'eau blanchie avec de la farine d'orge ou autre.

Une jument pleine peut travailler jusqu'au dernier jour; néanmoins pendant le dernier mois, on ne doit lui demander qu'un travail très modéré hors du brancard; et l'en dispenser pendant trois semaines environ, selon son état de force et de santé après qu'elle a mis bas.

Une jument prête à pouliner doit toujours être séparée des autres chevaux, afin qu'il ne puisse arriver d'accident au poulain nouveau-né. La blancheur du lait annonce la délivrance dans les vingt-quatre heures.

Lors de la parturition, il faut encore être plus prudent pour une jument que pour une vache, à raison de son prix plus élevé et de sa plus grande délicatesse; il faut donc bien se garder de vouloir aider à la délivrance, si elle se fait mal, ou trop lentement. Si on n'est pas très exercé, il faut avoir recours au vétérinaire afin d'éviter les accidents qui peuvent devenir fort graves.

Peu de temps après sa naissance, on peut abandonner le poulain au pâturage avec sa mère, ayant soin de le rentrer soir et matin, et par les mauvais temps, s'il n'est destiné à rester habituellement dans les pâturages, *comme dans quelque pays,* ce qui donne toujours des chevaux plus robustes, mais alors les mères ne sont plus des juments de travail, ce sont des bêtes de rente seulement.

On doit, au bout d'un mois, donner de l'avoine aux jeunes poulains; on augmente progressivement la dose jusqu'à quatre ou cinq litres pendant la première année, selon leur taille; car c'est dans cette année que leur croissance est plus rapide; il faut donc aussi leur donner une grande liberté, afin qu'ils se développent et se fortifient. On les met au pré tandis que les mères travaillent; lorsqu'elles rentrent, si elles ont chaud, il ne faut pas laisser approcher les poulains avant quelque temps; il est même prudent d'ôter un peu de lait à la mère.

Les poulains doivent téter cinq à six mois, et être élevés aux pâturages jusqu'aux pluies d'automne, c'est le moyen d'assurer leur vigueur et leur santé; ils doivent passer les hivers dans des écuries propres, aérées et chaudes; si on n'a pas autant de cases que de poulains, il vaut mieux les attacher pour éviter les accidents, que de les laisser en liberté.

Du reste, quels que soient les animaux qu'on ait, ils ne doivent jamais être abandonnés la nuit, on doit toujours faire coucher dans les écuries les personnes qui les soignent.

Pour tous les animaux, nous avons recommandé une extrême douceur ; mais c'est surtout pour les jeunes chevaux qu'elle est indispensable ; combien ne sont devenus indomptables que par suite de mauvais traitements !

On ne devrait jamais leur demander du travail avant la fin de la troisième année.

Le pansement de la main doit se faire avec le plus grand soin ; l'étrille, la brosse, le bouchon, une époussette, un peigne et une éponge sont indispensables.

Il est inutile d'entrer dans le détail du pansement, que tout le monde doit connaître ; en un mot, une extrême propreté est nécessaire à la santé des chevaux.

Lorsqu'on a une rivière à sa portée, on ne doit jamais manquer, surtout pour les chevaux de travail, de les y faire boire soir et matin pendant la bonne saison ; l'hiver, l'eau donne quelquefois, surtout pendant les gelées, des crevasses aux jambes des chevaux ; il ne faut pas les y conduire dans ce moment ; et en tous temps on doit, en rentrant de la rivière, abattre l'eau avec une éponge, la main ou un bouchon de paille.

Si la nourriture des chevaux n'était composée que de foin, surtout de celui de trèfle, ils deviendraient bientôt poussifs ; on peut en remplacer une notable partie par de la paille, si on donne l'équivalent du foin en avoine, ou autre grain, c'est-à-dire environ un kilogramme de grain pour deux kilogrammes de foin.

On peut encore remplacer avantageusement une partie du foin ou du grain, par une ration de carottes-fourrage, qui peut aller jusqu'à six ou neuf kilogrammes en trois repas, équivalente à deux ou trois kilogrammes de foin ; outre l'économie que présente cette nourriture, elle est très utile aux juments poulinières, dont elle augmente le lait, aux poulains et même aux chevaux de travail, qu'elle entretient tous dans un parfait état de santé.

Avec l'usage des carottes, un cheval ne deviendra jamais poussif, mais il y aurait peut-être danger à donner de suite une trop forte ration; par conséquent on doit accoutumer successivement les chevaux à cette nourriture.

En résumé, les jeunes chevaux doivent manger peu de foin, de la paille à discrétion, et une ration convenable de grain et de carottes; les carottes doivent être coupées menu, et il y aurait avantage à donner du grain baigné ou concassé, puisque tant de chevaux le rendent sans être digéré.

La meilleure race à laquelle les cultivateurs puissent en général donner la préférence pour l'élève, c'est la race percheronne. Les qualités à rechercher pour les étalons et les juments sont : une taille élevée, un corps étoffé, la poitrine ample, le poitrail ouvert, la tête peu chargée, l'encolure forte, le garot élevé, l'épaule plate, la croupe longue, les reins droits, la peau souple et mince, les membres solides et bien placés, pas trop chargés de crins, les jarrets larges, les articulations très développées, enfin les pieds bien conformés et la corne bonne; outre ces qualités communes aux deux sexes, la jument doit avoir la côte ronde et le bassin bien développé.

On ne peut se dispenser de connaître l'âge des chevaux; les dents caduques sortent, savoir : les pinces, six à huit jours après la naissance; les mitoyennes, de trente à quarante jours; les coins, de six à dix mois. Ces dents sont remplacées : les pinces, de deux et demi à trois ans ; les mitoyennes, de trois et demi à quatre ans ; les coins, de quatre et demi à cinq ; les crochets poussent de trois et demi à cinq ans. Comme les dents viennent simultanément aux deux mâchoires, on dit alors qu'un cheval a tout mis ; elles se rasent successivement, et les cavités noirâtres appelées fèves s'effacent d'année en année, comme les dents sont venues : à six ans les incisives, à sept ans les mitoyennes, à huit ans rasement complet, et disparition de la fève à toutes les dents de la mâchoire inférieure. De huit à onze ans, les mêmes effets se produisent à la mâchoire supérieure; passé cette époque, il n'est point impossible à des hommes très exercés de connaître encore l'âge des chevaux jusqu'à vingt et un an, par la forme successive des dents; mais la chose est difficile.

Le collier est de tous les harnais celui qui demande le plus d'attention; il doit être bien bourré et bien arrondi, surtout au point où portent les traits. En effet, un collier mal fait blesse un cheval, *toujours au moment des plus forts travaux,* et le met hors de service pour quelque temps, s'il n'entraîne de plus fâcheux résultats ; ce qui arrive lorsque la blessure est à l'encolure ou au poitrail, parties où elle devient souvent très difficile à guérir, quelquefois même incurable. Pour prévenir des accidents graves, on doit donc chaque fois qu'on détèle examiner avec attention son cheval ; si on ne voit rien d'abord, on ne tarde pas à s'apercevoir de la plus légère blessure au premier pansement, à un mouvement du cheval occasionné par le moindre frottement sur la partie blessée.

On ne doit pas alors négliger de prendre de suite les précautions nécessaires très simples, qui consistent à laver la blessure avec de l'eau froide vinaigrée, ou mélangée d'un peu d'eau-de-vie, et à débourrer le collier dans la partie qui a occasionné la blessure. Un charretier soigneux doit battre souvent la rembourrure de ses colliers et sellettes, pour l'empêcher de se durcir, lorsque le cheval a sué. Après de longs travaux, si les colliers s'aplatissent ou si les chevaux maigrissent, les blessures sont à craindre; on doit dans ce cas se hâter de faire rembourrer les colliers à neuf; cette faible dépense est toujours bien placée.

Les blessures occasionnées par les sellettes demandent les mêmes précautions que celles que l'on vient d'indiquer; quant à celles faites par les autres harnais, elles sont moins dangereuses et moins à craindre; il suffit d'entretenir la souplesse des harnais pour éviter les écorchures, dont on est toujours prévenu par l'usure du poil.

Si on tient les juments attachées à l'écurie et les poulains en liberté près d'elles, il arrive souvent que des poulains s'étranglent avec la longe d'attache de leur mère; pour remédier à cet inconvénient, un moyen bien simple consiste à percer des deux bouts un bâton long de cinquante à soixante centimètres, et de l'attacher d'un côté à la boucle de mangeoire, et de l'autre à celle du licol; ce genre d'attache n'empêche pas la jument de manger et de se coucher librement, et préserve de tout accident.

Élevage et amélioration des races.

Il y a pour un cultivateur une indispensable nécessité

a produire beaucoup de fourrages, puisque, comme on l'a dit avec vérité, *sans fourrage point de bétail, sans bétail point de fumier, sans fumier point de récolte.* Mais il ne suffit pas d'obtenir beaucoup de fourrages, il faut encore savoir tirer le meilleur parti possible de ceux qui restent après avoir nourri copieusement toutes les bêtes de travail, dont le nombre doit être restreint au nécessaire. Près des villes où on se procure facilement des engrais en abondance, il est quelquefois avantageux de vendre les foins ; dans toute autre position, il y a trois moyens de les utiliser : 1° l'élevage de toutes les espèces de bétail; 2° la production du lait; 3° la production de la viande ou l'engraissement. On doit, pour bien choisir, consulter ses ressources pécuniaires et les débouchés du pays qu'on habite ; l'engraissement exige des capitaux roulants disponibles ; le laitage un capital mort ; l'élevage est celui qui en absorbe le moins, et on peut presque assurer que c'est celui qui produit le plus.

Supposant dans une ferme des pâturages non fauchables qu'on ne peut utiliser à la culture ; des jeunes bêtes y passent la belle saison, en quantité calculée pour qu'il n'y ait ni disette, ni herbe perdue; on devrait, pour arriver à ce dernier but, avoir, comme on l'a dit à l'article des *Prés,* des haies mobiles, afin de séparer les bestiaux, ou de les cantonner pour ne pas leur livrer tout un pâturage à la fois; puis l'hiver venu, ils consomment à l'écurie tout l'excédant des fourrages, et c'est la manière dont il est le mieux payé, surtout si on se persuade que mieux vaut nourrir peu de bétail abondamment que beaucoup pauvrement. En parlant de la race bovine, je dirai que tout cultivateur intelligent qui voudra améliorer son bétail devra choisir dans le pays les plus belles espèces ; il peut même prendre chez ses voisins les espèces améliorées et acclimatées par plusieurs générations; mais rarement il trouvera avantage à faire venir à grands frais des animaux étrangers. Une nourriture substantielle et abondante, donnée au bétail depuis sa naissance, augmentera suffisamment sa taille pour le mettre en rapport avec les ressources du pays. D'ailleurs en agriculture comme en toutes choses, les succès se résument par des chiffres, et il n'est pas prouvé qu'une quantité de fourrage, mangée par six vaches suisses ou autres de grande taille, produirait plus de lait que si elle était consommée par dix ou douze petites vaches bien choisies, auxquelles cette même quantité pourrait suffire ; que neuf bœufs de quatre cents kilogrammes aient plus coûté à engraisser que six de six cents kilogrammes et se vendraient moins. S'il en est autrement, à part l'amour-propre d'avoir de beaux bestiaux, il y a donc avantage à s'en tenir aux races du pays améliorées.

Si malgré ces observations on persiste à vouloir changer les espèces, que ce soit au moins avec prudence, et, contrairement à l'habitude, en introduisant de belles vaches, plutôt que des taureaux disproportionnés en taille avec les vaches auxquelles on les destine, car ces croisements monstrueux ont rarement donné de bons résultats.

Il est surtout essentiel de propager les bonnes vaches laitières (et le procédé Guénon plus répandu favorisera ce résultat); en général elles donnent de plus beaux veaux, et les nourrissent mieux ; de plus, les qualités qui les distinguent sont aussi celles où on reconnaît un bœuf bien disposé à l'engrais ; il y a donc double avantage à s'attacher à la reproduction des bonnes vaches laitières, puisqu'on y trouve accroissement des produits et perfectionnement des races.

Ainsi par une augmentation de nourriture, surtout le vert et les racines, et un bon choix de sujets, on peut obtenir sans risques et sans frais de meilleurs résultats qu'un autre n'en aura obtenu à grands frais, et souvent après des pertes considérables ; il en est de même pour toutes espèces d'animaux. La race du pays doit toujours faire la base de tous les croisements, afin de conserver quelques-unes des qualités qui lui sont propres ; ce qu'il faut éviter autant que possible, c'est la consanguinité dans les accouplements.

La chaleur des vaches ne dure que vingt-quatre à quarante-huit heures au plus ; il faut bien saisir le moment afin de ne pas s'exposer à perdre une année ; comme il n'est point d'animaux parfaits, on doit toujours chercher à corriger dans les accouplements les défauts de la vache, par les qualités opposées dans le mâle ; ainsi à une vache mince du devant, on choisira un taureau qui soit surtout beau dans cette partie ; si la vache, au contraire, est serrée du derrière, le mâle devra être large et bien ouvert ; si une vache est méchante, choisir le taureau le plus doux, etc., etc. (1).

Les vaches doivent toujours être traitées avec la plus grande douceur, mais surtout lorsqu'elles sont sur le point de mettre bas ; lorsque le moment est arrivé, si le

______

(1) Cette précaution doit être observée dans l'accouplement de tous les animaux.

part est naturel, on doit laisser agir la nature; il l'est toutes les fois que le veau présente le museau et les deux pieds de devant à la fois; s'il présente les deux pieds de derrière, la délivrance est plus longue, mais il n'y a rien à craindre; dans toute autre position, il faut, si la vache est couchée, la faire lever avec précaution, ce mouvement peut en amener une meilleure; dans le cas contraire, il est bon d'avoir recours à un homme de l'art; si on n'en avait pas à proximité, et qu'on fût obligé de favoriser la délivrance, on doit toujours agir avec beaucoup de prudence, et ne jamais forcer la nature, mais se borner à l'aider dans ses efforts.

Dans beaucoup de pays on laisse téter les veaux nouveau-nés, dans d'autres on ne les laisse pas même voir à la mère, on les enlève avant qu'elle ait pu les lécher, de cette manière elle ne s'en inquiète pas; on essuie bien le veau, et on le couvre jusqu'à ce qu'il soit parfaitement sec; on l'habitue à boire en mettant un doigt alternativement dans du lait et dans sa bouche; pendant le premier mois on lui donne trois fois par jour tout le lait de la mère, et plus longtemps s'il est destiné à la boucherie; passé ce temps, si c'est un veau d'élève, il commence à manger. On lui donne du bon foin doux et des racines; on diminue insensiblement la quantité de lait, qu'on remplace par de la farine; et de la sorte le veau ne s'aperçoit pas du sevrage, tandis que s'il s'agit de le séparer de sa mère, la chose est plus difficile, et il maigrit toujours à ce moment.

Les qualités qui doivent décider à élever ou à acheter un veau, sont : un poil doux, long, et bien fourni, la peau souple et pas trop épaisse, la tête petite, les yeux saillants, peu de fanon, la poitrine ample, les hanches fortes, les reins droits, la cuisse arrondie, les jarrets larges, les avant-bras gros, les jambes courtes et minces, et les pieds fins. On peut encore mesurer un veau, et si étant bien proportionné du reste, le tour de la poitrine, pris comme on l'a indiqué pour les bœufs, est plus long que l'animal, depuis les oreilles jusqu'à la queue, ce sera encore une considération pour l'élever.

On doit châtrer les veaux dès qu'ils sont descendus, c'est-à-dire avant trois mois ; ils s'aperçoivent à peine de l'opération, sont beaucoup plus doux et plus faciles à élever ; de cette manière aussi on n'a conservé que les taureaux parfaits pour la reproduction, et on n'est pas exposé à avoir de mauvais produits.

Les plus jeunes bêtes doivent toujours être le mieux et le plus abondamment nourries ; toutes doivent recevoir chaque jour, selon leur âge, une ration de sel mélangé aux aliments les plus aqueux.

On ne doit pas permettre l'accouplement des génisses avant deux ans ; des taureaux avant dix-huit mois ; et à cet âge on doit beaucoup ménager ces derniers.

La météorisation est très à craindre pour les jeunes animaux. A l'article du trèfle, j'ai donné les moyens de détruire ses pernicieux effets.

Si on se livre à l'élevage des bestiaux, il est indispensable de connaître leur âge. Les bêtes à cornes n'ont de dents qu'à la mâchoire inférieure, elles sont au nombre de huit ; les dents de lait poussent peu de temps après la naissance ; elles sont remplacées par les grosses dents, savoir : les deux du milieu de un an et demi à deux ans ; les deux voisines de deux et demi à trois ans ; les deux suivantes de trois et demi à quatre ans, et enfin les deux dernières de quatre et demi à cinq ans.

Passé cette époque, les dents s'usent et jaunissent insensiblement, et les cornes s'allongent; on suit ainsi jusqu'à un certain point l'âge des animaux; voici comment : les anneaux des trois premières années étant très peu prononcés, s'effacent à mesure que l'animal vieillit. Ainsi partant de l'extrémité de la corne, comptant le premier anneau bien marqué pour trois années, on arrive par le nombre des anneaux restants (*représentant chacun une année*), à l'âge réel de l'animal.

Bêtes de travail.

Lorsqu'on veut s'adonner à la culture, une des choses les plus importantes, et par laquelle il faut nécessairement commencer, c'est de savoir à quels animaux on donnera la préférence pour cultiver.

Les chevaux conviennent mieux dans la plaine que dans les montagnes ou les marais.

Les bœufs s'accommodent de tous les pays, et les vaches peuvent les remplacer avantageusement partout, excepté où un homme ne peut labourer seul qu'avec une forte paire de bœufs; car s'il fallait mettre quatre vaches, un conducteur deviendrait nécessaire, et ce surcroît de dépense ne serait pas compensé par le lait.

Les attelages de front ne peuvent convenir dans les terres argileuses et humides; les pieds des animaux y pétrissent la terre et perdent souvent une grande partie de la semence en l'enfonçant; dans les terres de cette nature, on doit atteler les bêtes à la file.

Le fumier des chevaux est plus chaud et plus stimulant; il convient aux terres froides et humides; celui des bœufs est plus gras et moins énergique, il convient aux sols chauds et calcaires.

Les chevaux marchent plus vite que les bœufs.

La culture avec les chevaux est la plus chère; cependant, dans les pays d'élève, en cultivant avec des juments et des poulains de trois à cinq ans, on peut y trouver de grands avantages, surtout si on a l'argent et les connaissances nécessaires pour se livrer avantageusement à l'élevage des chevaux.

Les bœufs ne demandent ni harnais ni ferrage, et avec du soin il n'y a rien à perdre sur un bœuf de travail.

On voit que le choix des attelages ne saurait être indifférent, qu'il y a, au contraire, grand nombre de considérations à étudier, et qu'en résumé le travail des vaches est moins dispendieux que celui des bœufs, celui des bœufs moins coûteux que celui des chevaux.

Quel que soit le genre d'attelage qu'on choisisse, on ne doit pas oublier que plus on nourrit les bêtes de travail, et plus elles rendent de service tout en se fatiguant moins; on doit, autant que possible, leur réserver les fourrages et les grains de meilleure qualité, afin qu'ils leur soient plus profitables, et qu'elles aient plus promptement pris leur repas.

Il ne doit jamais y avoir de transition subite du sec au vert, pour tous les animaux, et à plus forte raison pour ceux de travail; il y aurait dérangement, danger de météorisation, et diminution de force. Le vert ne doit d'abord entrer que pour un quart dans la ration, et successivement de manière à la former entière au bout de huit ou dix jours seulement ; les mêmes précautions sont nécessaires pour remettre les bêtes à la nourriture sèche.

Avec tous les soins qu'on vient d'indiquer, loin de maigrir en travaillant, les animaux conservent leur gaieté, leur santé et leur embonpoint.

Pour bêtes de travail, on doit toujours choisir les sujets les plus robustes, les plus grands et les mieux constitués.

Vaches laitières.

On verra, à l'article sur l'engraissement des bœufs, qu'il y a généralement avantage à faire de la viande plutôt que du lait ; cependant, le voisinage des grandes villes modifie cette règle, et on peut souvent y faire l'un et l'autre avec profit.

Pour obtenir une grande quantité de lait, il n'est pas nécessaire d'avoir les plus grosses vaches, souvent celles d'une grosseur moyenne en ont autant et plus, elles coûtent et mangent beaucoup moins.

Une bonne vache laitière a ordinairement la tête légère, les cornes fines, peu de gorge, la peau souple et mince, le poil doux, les veines fortes et faisant beaucoup de détours, les fontaines larges, le pis gros sans être charnu, prolongé sous le ventre, les trayons égaux et bien espacés, le pis flasque lorsqu'il est vide, et couvert d'un poil épais, doux et court.

La méthode Guénon, bien étudiée, fournira un complément de signes au moyen desquels il ne sera plus permis de se tromper ; et si, par elle, on peut, comme l'annonce son auteur, reconnaître chez les animaux nouveau-nés, quel que soit leur sexe, les prédispositions à la production du lait, il sera facile, en livrant à la boucherie tous ceux qui ne les auront pas, d'améliorer bientôt nos races; nous devrons alors à cet intelligent agriculteur une vive reconnaissance, et son nom devra figurer parmi ceux des bienfaiteurs de l'agriculture.

Il faut par jour à une vache environ un kilogramme de bon foin par cinquante kilogrammes de poids, pour sa ration d'entretien, le surplus tourne au profit du lait; pour en augmenter la quantité et le conserver longtemps à chaque vache, il faut avoir soin, été comme hiver, de faire entrer la nourriture verte ou fraîche, herbes ou racines, en proportion convenable dans la ration journalière; on doit aussi y ajouter un peu de farine et de sel, le tout de manière à ne pas favoriser le développement de la graisse aux dépens du lait.

Si on a de bonnes eaux à proximité, on doit y conduire les vaches deux fois par jour : le grand air, et un peu d'exercice entretiennent leur gaieté et leur santé.

Les étables doivent être bien aérées en tous temps : chaudes l'hiver et fraîches l'été.

Il est inutile de dire que les vaches doivent être traitées avec une extrême douceur. Pendant le repas et avant chaque traite, le pansement de la main doit être soigneusement fait, afin qu'aucun corps étranger ne vienne se mêler au lait; on doit entretenir sous les vaches laitières une litière abondante et souvent renouvelée.

Dans l'intervalle des repas, une température douce, de l'obscurité et un repos absolu favorisent la sécrétion du lait.

Pour avoir de bons beurres et de bons fromages, il faut beaucoup de vaches, afin de battre tous les jours;

de bons fourrages sont aussi une condition essentielle au bon laitage.

La laiterie doit être tenue avec une extrême propreté.

Bœufs à l'engrais.

Lorsque pour se procurer des fumiers on doit recourir au bétail de rente, on peut, selon la localité qu'on habite, choisir entre les vaches laitières, ou les bœufs à l'engrais, ou l'élève et l'engraissement d'autres animaux ; nous nous bornerons à un parallèle entre les deux premiers : un bœuf à l'engrais mange en quatre ou cinq mois que dure son engraissement, autant qu'une vache laitière nourrie à l'étable toute l'année, mais il fait autant et de meilleur fumier. Les vaches emploient un capital qui décroît chaque jour, et doit par conséquent produire de plus forts intérêts ; elles exigent des soins dispendieux et assidus toute l'année ; l'achat des bœufs n'emploie que pendant six mois environ un capital roulant qui se renouvelle ; on n'a de soins à leur donner que pendant la morte saison.

S'il y a manque de fourrage, on peut sans inconvénient acheter moins de bœufs qu'on engraisse de même ; dans ces années, au contraire, on est forcé de vendre des vaches avec perte, ou on nourrit mal, ce qui est pis encore ; tous ces inconvénients pesés et calculés, reste au cultivateur à se rendre compte aussi exactement que possible, selon les lieux qu'il habite, des produits qu'il peut tirer de l'une ou l'autre spéculation afin de fixer son choix.

Voici les soins à donner aux bœufs à l'engrais : si on n'avait que du foin à sa disposition, il en faut environ quarante livres par jour, pour engraisser un bœuf de sept à huit cents, mais on peut réduire des trois quarts la ration de foin, et la remplacer par l'équivalent en grains ou racines (*voir le tableau ci-dessous*); les pommes de terre se donnent cuites de préférence, et on y mélange le grain trempé ou la farine; les betteraves et les carottes se donnent crues.

Les tourteaux ou résidus d'huile pulvérisés et mêlés aux pommes de terre, au grain ou à une boisson blanche, et dans la proportion de trois à quatre kilogrammes par jour, facilitent considérablement l'engraissement; on peut donc simultanément faire usage de toutes les ressources que l'on vient d'indiquer, ou n'en employer qu'une partie; on pourrait même à la rigueur se borner au foin, mais on comprend que l'engraissement serait beaucoup plus long et qu'on ne devrait le tenter qu'avec d'excellents fourrages.

Les résidus de la distillation des grains ou des pommes de terre offrent des ressources très économiques; on les donne chauds, car les aliments chauds et une température élevée dans les étables sont de très bonnes conditions d'engraissement.

ÉQUIVALENTS EN POIDS A DIX KILOGRAMMES DE BON FOIN.

Fourrages.

	Kilogrammes.
Regain, environ.	11
Trèfle, luzerne ou vesces.	10
Sainfoin sec.	9
Luzerne, trèfle, vesces, etc., en vert.	40 à 45
Maïs ou millet verts.	30
Choux.	50

Pailles.

	Kilogrammes.
De seigle.	35 à 40
De froment.	30
D'avoine.	20
D'orge.	25
De pois ou vesces.	16
De lentilles.	15
De fèves.	20
De sarrasin.	27
De millet.	25
De maïs.	35

Racines.

Pommes de terre crues.	20
— — cuites.	17
Betteraves à sucre.	24
— champêtre.	38
Carottes.	27
Rutabagas.	30
Navets.	45

Grains.

Avoine ou sarrasin.	6
Orge.	5 1/2
Seigle ou maïs.	5
Froment et vesces.	4
Pois ou féveroles.	4
Haricots ou lentilles.	3 1/2
Tourteaux de colza ou navettes.	5 1/2
— de lin.	4 1/2

On comprend que toutes ces quantités ne peuvent être d'une scrupuleuse exactitude, et qu'elles dépendent de la qualité de chaque produit; ce n'est donc qu'une approximation qui guidera utilement.

Pour tous les animaux à l'engrais, on ne saurait être trop minutieux dans la régularité des repas; ils doivent toujours être donnés très exactement à la même heure, pesés ou mesurés de manière à ne jamais diminuer la dose, et à ne l'augmenter qu'autant qu'on le désire ; un bœuf à l'engrais peut recevoir cent grammes de sel par jour, surtout avec des résidus ou des racines.

Malgré l'opinion de tant de gens qui prétendent qu'il vaut mieux laisser les animaux à l'engrais dans la crasse et la fange, plutôt que de les déranger, je conseillerai au contraire une extrême propreté; ainsi pendant qu'ils mangent on emploie l'étrille, le bouchon et la brosse. On ne doit les approcher qu'avec une extrême douceur, même avec du sel ou autre friandise s'il le faut, pour ceux qui sont peureux (ce qui prouve presque toujours qu'ils ont été maltraités), et après quelques jours, les plus farouches et ceux mêmes qui auraient été jusque-là entièrement étrangers au pansement de la main, s'y prêteront avec plaisir, surtout si on a soin pour quelques-uns trop délicats, de remplacer l'étrille par le bouchon ; ne voit-on pas tous les jours, en effet, les animaux tendre le cou à la main qui les panse, pour recevoir plus longtemps ces soins qui leur plaisent.

On ne donne que deux repas par jour aux animaux à l'engrais, à six heures du matin et à quatre heures du soir ; on commence par le foin. Lorsqu'ils l'ont mangé, on leur donne à discrétion de l'eau claire, et immédiatement après et successivement, le reste de la ration en racines, grains trempés (vingt-quatre heures) ou farine délayée dans de l'eau ; on épaissit graduellement ce mélange chaque semaine, et on termine toujours le repas par une petite portion de foin réservée sur la ration.

En donnant tous ces soins aux bestiaux, on voit s'ils mangent avec appétit ; à la moindre indisposition apparente, on sépare l'animal qui en est atteint, car les soins à lui donner dérangeraient une écurie entière, tandis qu'une fois le repas et le pansement achevés, on doit donner une nouvelle et abondante litière et fermer l'écurie jusqu'au repas suivant : le calme parfait et l'obscurité étant deux conditions essentielles à l'engraissement.

Pour se livrer avec avantage à l'engraissement, il faut une longue connaissance du bétail, savoir acheter et vendre.

Un bœuf qu'on destine à l'engrais doit avo'r, pour être parfait, une tête légère, un front large, des cornes fines, le cou pas trop gros, peu ou point de fanon, les reins droits, le corps long et large, la côte ronde, la poitrine épaisse, les épaules et les cuisses larges, fortes et bien descendues, les jarrets larges, les jambes courtes, les os petits ; enfin et surtout la peau fine, souple, se détachant bien, et le caractère doux.

Une bascule est indispensable dans une grande exploitation. Le poids d'un bœuf en viande nette est environ moitié de celui de l'animal vivant pesé à jeun ; cependant cette proportion varie selon l'état de l'animal ; elle est de cinquante à cinquante-cinq pour cent en viande, et quatre à cinq pour cent en suif chez les animaux qui ne sont pas très gras ; et de cinquante-cinq à soixante-cinq pour cent en viande, et cinq à dix pour cent en suif, chez ceux qui sont fin-gras.

On entend par viande nette les quatre quartiers de l'animal, déduction faite de la peau, de la tête, des pieds et des intestins.

Si on n'a pas de bascule dans une ferme, on connaît d'une manière approximative le poids d'un bœuf en chair nette, en mesurant avec une chaîne ou un ruban l'ampleur de sa poitrine; on passe la chaîne entre les jambes de devant, et on rejoint les deux bouts sur le garrot; la mesure ainsi prise, un mètre quatre-vingts centimètres donnent environ cent soixante-quinze kilogrammes de chair nette; un mètre quatre-vingt-dix en donnent deux cents, et ainsi en augmentant de vingt-cinq kilogrammes par dix centimètres, jusqu'à deux cent cinquante kilogrammes; passé ce poids, dix centimètres donnent cinquante kilogrammes; ainsi deux mètres vingt donnent trois cents kilogrammes, deux mètres trente en donnent trois cent cinquante, etc. On conçoit que pour cette appréciation, il faut tenir compte de l'état de l'animal, savoir lequel du devant ou du derrière a pris plus de chair et de graisse, afin d'établir une compensation, sans laquelle on tomberait dans de graves erreurs.

En effet, on comprend que le calcul ne pourrait être exact si on ne faisait aucune différence entre la mesure produite par un animal ayant une poitrine bien développée, au détriment de la partie postérieure du corps, et celle donnée par un animal présentant les caractères contraires; avec les chiffres que j'ai donnés, on suppose une bête bien conformée.

On doit mesurer ou peser au moins toutes les semaines les bêtes à l'engrais, afin de s'assurer des progrès, ou pour se défaire à temps de celles qui ne semblent pas devoir payer la nourriture qu'elles mangeront.

Moutons.

Dans toute culture étendue, on doit élever des moutons ; on en tire un produit très avantageux en agneaux, lait, viande et laine. Les montagnes les plus maigres, qui nourriraient difficilement d'autres troupeaux, sont celles qui conviennent le mieux aux moutons, à raison du bon air et de l'excellente qualité des herbes qu'ils y trouvent. On ne doit laisser sortir les moutons ni lorsque l'herbe est mouillée, ni par la trop grande chaleur.

Dans les temps humides et pluvieux on doit toujours donner aux moutons de la paille ou du foin sec, soir et matin, afin de prévenir la pourriture. Cependant il n'y a pas d'inconvénient à conduire les bêtes d'engrais dans les pâturages humides, s'ils sont bons, et que l'engraissement puisse être terminé avant le développement complet de la cachexie, dont les premiers germes semblent favoriser l'engraissement.

En hiver on donne de la paille, du foin, des racines et du grain ; on ne doit jamais donner de foins avariés. Dix moutons mangent autant qu'une vache abondamment nourrie. La ration d'un mouton est d'environ un kilogramme à un kilogramme et demi de bon foin par jour, ou l'équivalent *pour moitié seulement* en racines et grains. Si on donne de la paille au lieu de foin, on peut sans inconvénient dépasser en grains moitié de l'équivalent du foin.

La brebis peut reproduire à dix-huit mois ; mais ce

n'est qu'à deux ans et demi qu'un bélier peut saillir cinquante à quatre-vingts brebis; la brebis porte cent cinquante-trois jours.

La monte se fait en juillet, si on veut avoir des agneaux en décembre; et en septembre ou octobre si on veut les avoir en février ou mars. On a aussi fait saillir en mars et avril.

Pour les brebis pleines ou qui nourrissent, et pour les moutons qu'on engraisse, on augmente la ration, surtout en grains et racines crues ou cuites, on doit toujours y ajouter un peu de sel; les bêtes qui s'engraissent le mieux sont les moutons coupés jeunes (à un ou deux mois) et les brebis qui n'ont jamais porté. Six semaines à deux mois suffisent à l'engraissement.

Les bêtes qui ont le plus de disposition à la graisse ont la tête et les os petits, les épaules ouvertes, le dos large et plat, la côte ronde et les jambes courtes.

On doit donner aux moutons de l'eau bien pure, pas trop froide, et de la paille fraîche tous les jours pour litière.

Les bergeries doivent être spacieuses, bien aérées, préservées de toute humidité, et tenues avec une grande propreté.

La tonte se fait au mois de juin; une laine qui tombe seule avant cette époque est toujours l'indice d'un troupeau maigre et mal tenu; si on ne peut lui donner plus de soins ou de meilleure nourriture, mieux vaut renoncer à nourrir des moutons, car il ne peut y avoir que perte à continuer.

Pour faire parquer les moutons avec avantage, il faut en avoir au moins deux à trois cents; un mètre carré est l'espace convenable pour chaque animal; on ne parque que par le beau temps, et de mai en octobre. Le parcage convient surtout pour les champs éloignés et d'un accès difficile. Si on a des litières en abondance, il y aura toujours avantage à tenir les moutons la nuit à l'écurie; il faut aussi les y ramener pendant les fortes chaleurs, ou, si les troupeaux vont paître au loin, on doit leur chercher des abris.

Lorsque les brebis sont prêtes à mettre bas, il est bon de les séparer jusqu'à ce que les agneaux aient sept à huit jours. Au bout d'un mois ou six semaines, on peut commencer à séparer les agneaux de leurs mères, afin qu'ils ne les épuisent pas trop; si on veut avoir du lait, on peut même alors les sevrer entièrement, à la condition de les bien nourrir. L'époque ordinaire de sevrer les agneaux est à quatre ou cinq mois.

En Provence, on fait d'excellent beurre de brebis; on fait ailleurs de très bons fromages dits de Roquefort.

Dans l'achat des troupeaux, on doit chercher des animaux à œil vif et bien ouvert, à tête haute, à museau sec, sans mauvaise haleine, à bouche nette et rose, et à peau rouge. La membrane de l'œil en particulier doit être d'un rose vif.

Nulle race de bestiaux n'a plus occupé sous le point de vue des améliorations, et c'est en effet la plus intéressante sous ce rapport, car on a à tenir compte de mille considérations; nature et ressources des pâturages, température, climat, débouché pour les laines, etc. On ne saurait donc recommander trop de prudence, et surtout de ne pas entièrement exclure de suite la race primitive de chaque pays.

La race New-Kent est la plus robuste; elle préfère l'air libre; sous des hangars, l'hiver, elle brave toutes les intempéries.

La race Disley est plus délicate; elle craint la chaleur et l'humidité.

La race mérinos a la laine la plus fine.

Pour améliorer ces races avec prudence, et afin d'éviter tout mécompte, on doit d'abord, par une nourriture meilleure et plus abondante, améliorer la race de son pays. Dans le troupeau ainsi soigné, on choisit les plus belles brebis, et on leur donne un mâle ou bélier de l'espèce qu'on désire introduire, le choisissant surtout parfait de formes plutôt que de taille; on fait de ces produits de nouveaux croisements avec les races du pays, puis choisissant toujours les meilleurs sujets, on en fait un troupeau à part auquel on donne un bélier de choix. On conserve ainsi quelques-uns des caractères propres et utiles à la race du pays, et on arrive à d'excellents résultats, sans s'être exposé à des pertes énormes qui ont souvent reculé pour longtemps dans un pays toute idée de perfectionnement.

On conçoit qu'on arrive ensuite très facilement à la race pure et parfaitement acclimatée.

On doit toujours laver les moutons quelques jours avant la tonte, qui se fait en mai ou juin, et les préserver après, pendant quelque temps, de tout excès de chaleur ou d'humidité.

L'âge, chez les moutons, se reconnaît comme chez les bêtes à cornes.

Élevage et engraissement des porcs.

Le cochon est omnivore ; les ressources pour sa nourriture sont donc immenses. De jeunes cochons, par exemple, se nourrissent très bien après la pêche dans des étangs sablonneux où ils trouvent en abondance des coquillages qu'ils dévorent avec avidité ; dans les chemins, dans les marais et surtout dans les bois, ils trouvent un abondant pâturage ; aussi partout où on dispose d'une vaste étendue de terrain, il y a toujours de grandes ressources pour l'élevage des porcs, et c'est là où est l'avantage, si on les vend avant l'engraissement.

Il est donc avantageux d'entretenir des truies portières sur une ferme ; à neuf ou dix mois, des animaux bien nourris peuvent s'accoupler ; on ne doit pas les employer à la reproduction au delà de trois ans, autrement ils engraissent difficilement, et par conséquent il y a perte ; il faut éviter avec soin la consanguinité dans les accouplements, aucune espèce d'animaux domestiques ne dégénère plus facilement par ses effets.

La truie porte cent quatorze jours ; elle donne par an deux portées, de huit à dix petits chacune ; les races étrangères en donnent souvent moins ou ne produisent pas du tout, à raison de la trop grande tendance qu'elles ont à la graisse ; la race commune en donne souvent plus ; j'ai eu une truie qui ne m'en a jamais donné moins de seize, et est allée une fois jusqu'à vingt-deux, nés viables et bien conformés ; on aurait pu les élever facilement, si on avait eu à sa disposition plusieurs truies nourricières. Mais ces produits extraordinaires sont le plus souvent au détriment de la grosseur ; cependant la truie dont je parle a toujours nourri douze à quatorze petits qui ont très bien réussi, et ont atteint à douze ou quinze mois un poids de cent à cent cinquante kilogrammes.

Les portées les plus avantageuses sont celles qui arrivent au printemps et en automne ; celles d'hiver périssent souvent par le froid. Sachant combien de temps dure la gestation, il est très facile d'obtenir la mise bas aux époques qu'on désire, car les femelles sont disposées tous les mois à recevoir le mâle.

On doit fortement nourrir une truie pendant qu'elle est pleine et surtout lorsqu'elle est prête à mettre bas ; sans cette précaution, il s'en rencontre beaucoup qui mangent leurs petits à mesure qu'ils naissent.

La truie met bas très régulièrement au bout de cent quatorze jours, il est donc facile de saisir le moment ; aussi est-ce fort utile, car elle est très maladroite et écraserait les premiers, avant que les autres fussent nés, si on ne les lui ôtait à mesure. On les laisse ainsi séparés et on les met sous la mère trois ou quatre fois par jour ; on surveille tout le temps où ils tètent et on ne les laisse en liberté que lorsqu'ils sont assez forts pour éviter le danger ; on doit aussi leur donner de la paille très courte pour litière, afin qu'ils ne soient point retenus et entravés et que la mère ne puisse les écraser en se couchant.

Les petits mangent de bonne heure avec leur mère ; il vaut cependant mieux leur donner à part une nourriture un peu meilleure ; ils tètent jusqu'à six ou sept semaines ; on les châtre à un mois.

La laitue convient surtout aux petits cochons; aussi doit-on toujours en semer quelques ares autour de la ferme.

De toutes les spéculations agricoles, la moins lucrative est l'engraissement des cochons, surtout de la race du pays, partout où on peut vendre facilement les pommes de terre et les menus grains; si on ajoute à leur prix le bois ou le charbon qu'on emploie à la cuisson des légumes, et le temps que les soins de l'engraissement réclament, on verra qu'il y a perte et non profit à cette spéculation.

Cependant, depuis quelques années on a introduit en France des races qui s'engraissent beaucoup plus facilement et acquièrent un poids bien supérieur aux nôtres; ce sont ces races connues sous le nom de *hampshire*, *chinois* et *anglo-chinois* qu'il faut propager, puisque avec moins de frais, elles donnent des produits plus considérables; en effet, avec la nourriture ordinaire donnée aux cochons de nos pays qui sont dans leur croissance, les espèces nouvelles s'engraissent assez pour qu'on puisse les tuer dans un état convenable à un ménage.

Dans tous les cas, on peut toujours engraisser le nombre de cochons nécessaires à la nourriture des gens de la ferme; c'est un moyen d'utiliser bien des choses.

Dans les pays au contraire où on ne pourrait que très difficilement tirer parti des racines, des pommes de terre et des menues graines, où on a de vastes pâturages pour les porcs, et de grands bois, dont les glands font une partie de l'engraissement de ces animaux; là alors, il y a avantage à se livrer à l'élevage et à l'engraissement des cochons, surtout lorsque les fourrages et les capitaux manquent pour l'achat et l'engraissement des animaux.

On emploie à la nourriture et à l'engraissement des cochons des pommes de terre cuites, toute espèce de racines ou de légumes, grain et farine. Le lait écrémé, auquel on ajoute de la farine, ou toute autre nourriture aigrie paraissent être très favorables à l'engraissement. On emploie aussi les résidus de distillation, et la laitue qui leur convient parfaitement à tout âge.

Il faut aux cochons à l'engrais une extrême propreté, une litière abondante, une nourriture copieuse sans qu'ils en laissent jamais, et des heures de repas extrêmement régulières, car aucun animal ne se tourmente davantage, si on laisse passer l'heure accoutumée.

On ne doit jamais commencer l'engraissement que sur un animal en bon état.

Chèvre.

La chèvre est la vache du pauvre ; on ne peut nier son utilité sous ce rapport, mais elle doit lui être exclusivement réservée ; elle doit être bannie de toute grande culture bien soignée, car elle est le fléau des haies, des bois, des vergers et des champs cultivés. Elle vivrait bien dans les montagnes arides couvertes de broussailles, mais la difficulté de la conduire en troupeau y ferait encore renoncer ; elle doit donc être élevée dans l'état de domesticité le plus complet, si on tient à l'usage du lait ou de ses fromages qui sont des meilleurs qu'on connaisse.

Mieux vaut permettre au pauvre de chercher la nourriture de sa chèvre, que d'en souffrir le parcours.

On voit que je n'ai parlé de la chèvre que pour prémunir contre ses ravages et engager à la proscrire.

CHAPITRE XIII.

MALADIES DES BESTIAUX.

Maladies des chevaux. — Des bêtes à cornes. — Des moutons.

Maladies des chevaux.

Comme je pense qu'il n'est point d'agriculteurs qui puissent se passer d'un vétérinaire instruit, je n'ai pas cru devoir faire entrer dans mon ouvrage un traité d'art vétérinaire ; il y aurait trop à s'étendre sur ce sujet, et cette tâche serait bien au-dessus de mes forces ; me bornant à des conseils comme je l'ai fait jusqu'ici en toutes matières, je dirai seulement qu'on doit surveiller attentivement tous les animaux ; qu'au moindre signe de malaise on doit séparer l'individu qui en est atteint, et le soumettre à une diète sévère en attendant les soins à lui donner.

Les accidents les plus fréquents sont : 1° *la météorisation* ; j'ai parlé des moyens à employer pour en prévenir les fâcheux effets.

2° *L'indigestion.* On reconnaît facilement l'indigestion aux signes suivants : l'animal cesse de manger, gratte le sol, regarde son flanc, se couche et se roule ; son ventre fait un bruit continuel, et des vents s'échappent incessamment de l'anus. On doit administrer immédiatement des lavements tièdes d'eau de son, de demi-heure en demi-heure, jusqu'à ce qu'on ait obtenu une évacuation. On fait de fortes frictions avec un bouchon de paille sur tout le corps ; on couvre l'animal très chaudement, et on le promène au pas. Dans toutes les coliques, dont la cause ne serait point connue, des lavements émollients peuvent toujours être administrés sans inconvénients. Les accidents cèdent ordinairement à ces premiers moyens ; s'il en était autrement, il faudrait se hâter d'envoyer chercher un homme de l'art.

3° *Le relâchement* ou *la constipation*. Ces deux indispositions se guérissent facilement, et par les moyens contraires, si elles n'ont pour cause que des aliments trop aqueux ou trop échauffants ; ainsi si la diarrhée est occasionnée par des fourrages verts, des choux, feuilles de betterave, etc. ; un peu de bon foin et de son secs l'ont bientôt fait disparaître. Si, au contraire, des trèfles, des vesces ou autres fourrages secs ont amené un échauffement tel que l'animal excrète difficilement, des fourrages verts, des boissons émollientes, de l'eau blanche avec du son, de la farine d'orge, etc., ont bientôt rendu les déjections naturelles.

4° *Les maux d'yeux.* Occasionnés le plus souvent par des coups ou des corps étrangers, ils cèdent ordinairement à des lotions fréquentes avec l'eau fraîche, après l'extraction des corps étrangers s'il y a lieu. Si le mal persiste, il est bon de recourir promptement au vétérinaire.

5° *La fève* ou *lampas*. Lorsqu'un cheval ne mange pas ou *démâche* le foin sans présenter d'autres signes d'indisposition, on doit regarder sa bouche et toucher le palais ; il est ordinairement brûlant et gonflé, au point qu'il dépasse quelquefois les dents ; cette inflammation chez les vieux chevaux, a souvent pour cause une irritation des intestins ; dans ce cas on doit soumettre l'animal à la diète, et lui administrer des boissons adoucissantes : de l'eau blanche et des lavements qui font bientôt disparaître l'inflammation de la bouche et des intestins.

Chez les jeunes chevaux, au contraire, le lampas a souvent pour cause unique la dentition ; dans ce cas, on peut employer les boissons dont je viens de parler , et pratiquer au palais une saignée avec un instrument tranchant, un *bistouri* et non une corne ou un fer rouge, comme on le fait habituellement dans les campagnes ; le mal cède toujours à ces moyens.

6° *La gourme* attaque tous les jeunes chevaux d'une manière plus ou moins intense ; il faut séparer immédiatement l'animal qui en est atteint , car il n'est pas rare qu'elle se communique à toute une écurie, même aux vieux chevaux. Si on ne peut séparer les animaux, il faut au moins éviter qu'ils puissent manger ensemble, et ne point se servir de la même éponge pour le pansement.

La gourme s'annonce par le dégoût, une fièvre légère, la rougeur des narines et du blanc de l'œil ; il s'établit par les narines un écoulement de matières blanches floconneuses, et il se forme sous la ganache une tumeur volumineuse ; à ces symptômes vient se joindre une toux plus ou moins fréquente. L'animal doit être tenu chaudement ; on doit graisser la tumeur avec du saindoux, ou mieux de l'onguent populéum ; la recouvrir d'étoupes fixées avec un morceau de peau de mouton (la laine tournée en dedans) qui enveloppe toute la ganache. On facilite l'écoulement du pus par les naseaux, avec des fumigations d'eau de mauve bouillante ; le repos, la diète, une nourriture rafraîchissante, des boissons et des lavements émollients, l'eau blanche miellée complètent le traitement, auquel cèdent la plupart des gourmes ; un séton le suit ordinairement. Cependant il est toujours prudent d'avoir recours au vétérinaire, ne fût-ce que pour s'assurer que c'est bien la gourme et non la morve qu'on a à traiter, car cette dernière est incurable, dangereuse même pour les hommes ; et tout animal qui en est atteint doit être abattu immédiatement.

7° *La gale* a le plus souvent pour cause la malpropreté, une mauvaise nourriture, et les intempéries ; dès qu'on s'aperçoit qu'un animal en est atteint, il faut le séparer des autres à tout prix, car nulle maladie ne se communique plus facilement et de toutes manières ; on doit éviter avec le plus grand soin le contact des colliers et des instruments de pansement ; on ne peut même faire travailler des animaux sains avec les galeux, car ces derniers se frottent contre les autres, et la contagion est inévitable.

Pour combattre la gale, le premier soin est de faire cesser les causes qui l'ont produite ; on ne doit pas laisser les animaux exposés plus longtemps aux intempéries, leur donner une nourriture saine, rafraîchissante, et de l'eau blanche pour breuvage ; les laver fortement avec une eau de savon pour faire disparaître la crasse qui les couvre, et employer les frictions de pommade soufrée, formée d'une partie de soufre pour quatre de graisse de porc, ou toute autre pommade indiquée par le vétérinaire.

8° *Les crevasses aux jambes* ont ordinairement pour cause les boues âcres, le séjour dans le fumier d'écuries mal tenues, ou les eaux trop froides et trop crues de certaines rivières. On doit donner un peu de repos à l'animal, nettoyer soigneusement les écuries, éviter de le passer à l'eau tout en tenant ses jambes très propres, et graisser les crevasses avec un peu de saindoux ou d'onguent basilicum.

9° *Les atteintes* sont des écorchures que le cheval reçoit des chevaux, ou qu'il se fait.lui-même en forgeant ou en croisant ses pieds l'un sur l'autre; si l'atteinte est simple, rien n'est plus facile que sa guérison : on doit, dès qu'on s'en aperçoit, former autour de la plaie un petit bourrelet avec de la terre glaise, déposer au milieu une pincée de poudre et y mettre le feu; la plaie, recouverte par ce moyen d'une escarre qui la met à l'abri du contact de l'air, se guérit promptement; il faut, néanmoins, avoir soin d'attendre vingt-quatre ou quarante-huit heures avant de passer le cheval à l'eau. Si l'atteinte est grave, il faut dans ce cas, comme dans toutes les boiteries accidentelles, si la cause apparente détruite ne les fait pas cesser, appeler immédiatement le vétérinaire.

10° *La fourchette échauffée ou pourrie* est la suite du séjour dans des lieux humides, ou dans l'urine et le fumier des écuries mal tenues. On doit placer les animaux qui en sont atteints dans des lieux secs, enlever la portion altérée de la fourchette et bassiner fréquemment la partie malade avec de l'eau vinaigrée ou chargée d'extrait de saturne.

Maladies des bêtes à cornes.

11° *Le charbon.* Il y en a de plusieurs sortes; je craindrais d'induire en erreur en donnant des définitions incomplètes soit des symptômes de la maladie, soit des moyens curatifs. Dès qu'à la suite de variations subites dans la température, de longues sécheresses, de longues pluies, de l'usage d'aliments avariés et d'eau altérée, de travaux forcés et de séjour dans des écuries malsaines, on s'apercevra qu'un animal est triste et languissant, que sa peau est soulevée et crépitante sous la main, il faut se hâter d'envoyer chercher un vétérinaire instruit, car le charbon est une maladie grave qui fait souvent périr un animal en peu de temps. Si on était loin de tous secours, on pourrait, après incisions préalables, appliquer soi-même, à plusieurs reprises, un fer rougi à blanc sur les taches noires qui apparaissent à la peau, ou sur les tumeurs sous-cutanées qui, d'abord de la grosseur d'une noix, acquièrent en quelques heures un volume considérable. Si on a des écorchures ou crevasses aux mains, on doit s'abstenir de toucher à un animal malade du charbon; et si dans l'opération on venait à se faire une plaie qui ait été en contact avec le sang de l'animal, il faudrait immédiatement la laver, la sucer et y appliquer le fer rougi à blanc; si elle est profonde et due à un instrument piquant, il faut avoir recours aussitôt à un médecin, car il y aurait du danger à n'agir que superficiellement.

12° *Le mal de brou.* Tous les cultivateurs savent qu'en envoyant leurs animaux dans les bois, au printemps, ils les exposent au mal de brou, c'est-à-dire à des indigestions gangréneuses, occasionnées par les jeunes pousses des arbres qu'ils mangent. Cette maladie est souvent fort dangereuse et cependant ils ne font rien pour l'éviter. On devrait n'envoyer les animaux aux bois qu'après leur avoir donné un peu de nourriture verte, du son bouilli ou des racines cuites, ne les y laisser que deux heures le matin et autant le soir, et les abreuver avec de l'eau blanche. Lorsque la maladie se déclare, elle se manifeste par la constipation, la difficulté d'uriner et une soif ardente ; il faut saigner l'animal, lui administrer des breuvages émollients et acidulés, des lavements émollients, des gargarismes d'eau miellée et vinaigrée, et enfin le soumettre à la diète et le bouchonner souvent ; les premiers aliments qu'on donnera devront être d'une facile digestion, tels que des pommes de terre ou autres racines cuites broyées.

13º *Le pissement de sang* se traite par une ou deux petites saignées et des breuvages d'eau de mauve nitrée (30 grammes de nitrate de potasse pour un demi sceau d'eau) ; on applique un sachet de mauve sur les reins de l'animal, on le tient chaudement et on le met à la diète. Lorsqu'il y a du mieux, on lui donne de l'eau blanche et un peu de bon foin.

14º *La limace* est une maladie qui a son siége entre les deux onglons du pied ; elle se manifeste par le boitement et un gonflement qui s'aperçoit sur le pied, entre les deux onglons. Tous les cultivateurs la connaissent. Elle est occasionnée par la malpropreté, les graviers, les fumiers et les boues âcres qui séjournent dans cette partie ; en prenant le mal au début, des soins de propreté et des bains de rivière peuvent suffire ; on introduit un morceau d'étoupe graissée entre les deux onglons pour diminuer l'inflammation et empêcher, jusqu'à parfaite guérison, l'introduction de nouvelles ordures.

15° *L'engravée* est toujours la suite de longs voyages ou de longs travaux; si on avait encore trop d'espace à parcourir lorsque l'animal qui en est atteint est destiné à la boucherie, il est plus sage de l'abattre que de lui faire continuer sa route; si c'est une bête de travail, il faut lui nettoyer et parer le pied, enlever tous les graviers, lui faire prendre des bains suivis de cataplasmes émollients, et lui laisser un repos absolu jusqu'à ce que la corne ait entièrement repoussé. Une bonne ferrure prévient ordinairement ce mal.

Les Poux.

Les jeunes bestiaux y sont surtout sujets; des frictions de saindoux suffisent le plus souvent pour les détruire. J'ai employé aussi très souvent de la crème mélangée de suie de cheminée; les poux résistent rarement à ces frictions deux ou trois fois répétées dans toutes les parties où il en existe. Le siége que les poux semblent choisir de préférence à tout autre est le bord intérieur des oreilles.

Maladies des moutons.

16°. *La clavelée.* Cette maladie se communique avec une facilité extrême; pour l'éviter on ne doit souffrir de communication avec aucun troupeau et ne pas laisser entrer inutilement dans ses bergeries des étrangers s'occupant de moutons. On doit donner aux animaux des bergeries spacieuses et sèches, de bons fourrages, les sortir deux fois par jour si le temps est beau ; éviter le froid et l'humidité, enfin ajouter un peu de sel et de vinaigre au breuvage. Les bêtes qui en sont atteintes doivent être séparées, et on leur administre deux verres par jour d'infusion de petite centaurée et de vin chaud mélangés en parties égales.

17° *La pourriture ou cachexie.* Cette maladie a pour cause l'humidité des prairies et des bergeries, la rosée, les brouillards, et une nourriture trop aqueuse ; on voit donc facilement quels sont les moyens de la prévenir, les meilleurs sont une nourriture sèche de bonne qualité et administrée tous les jours avant la sortie du matin. Aux premiers indices de cette maladie, si on n'a pu l'éviter, on doit mettre du fer dans les boissons, donner des décoctions aromatiques, du sel dans les aliments. Enfin, augmenter la bonne nourriture, car le commencement de l'affection est, dit-on, favorable à l'engraissement qui peut devenir complet avant que la maladie ait eu le temps de faire de grands progrès.

18° *La météorisation.* Les moutons y sont sujets comme les bêtes à corne ; on la combat par les mêmes moyens.

J'ai omis avec intention un grand nombre de maladies. J'ai voulu seulement mettre les cultivateurs à même de donner les premiers soins dans celles qui sont les plus communes, en attendant le vétérinaire qui devrait toujours être attaché par abonnement à une exploitation un peu importante. On devra choisir un homme instruit et exact à faire sa tournée hebdomadaire ou mensuelle, et ne jamais confier le soin de ses animaux à des empiriques ignorants et dangereux.

CHAPITRE XIV.

OISEAUX DE BASSE-COUR.

Poules. — Dindons. — Oies. — Canards. — Pigeons.

Poules.

Un produit qu'on ne doit point dédaigner dans une ferme, ce sont les oiseaux de basse-cour ; les œufs, la chair et les plumes sont toujours une très grande ressource, et souvent l'objet d'un commerce très étendu et très lucratif. Pour en faire une spéculation avantageuse, il faut avoir une ferme assez étendue et entourée de terres vagues, ou sacrifier quelques hectares au parcours de la volaille qui occasionne toujours les plus grands dommages aux récoltes voisines de la ferme. Quelques mûriers plantés comme abri sont très utiles à la volaille, et lui fournissent des juchoirs en même temps qu'une bonne et saine nourriture dans le moment des plus grandes chaleurs.

On peut aussi avoir des basse-cours closes pour la volaille, mais c'est alors un soin tout particulier ; la grandeur de la basse-cour doit être proportionnée à la quantité de volailles qu'on veut y élever ; une partie doit être plantée de mûriers, sureaux et autres arbres formant juchoirs et abris, un tas de sable ou de cendres est indispensable, parce qu'en été, les poules, dindons, etc., aiment à s'y rouler pour se débarrasser de la vermine qui les fatigue. Un gazon leur donne une nourriture rafraîchissante ; un petit ruiseau fournissant une eau toujours fraîche et courante est une excellente condition ; à son défaut des baquets couverts avec de petites ouvertures pour passer la tête des volailles donnent le moyen d'avoir de l'eau propre qu'on doit renouveler au moins tous les jours ; une mare est aussi nécessaire aux oiseaux aquatiques, canards et autres. Enfin, un poulailler et des juchoirs sont indispensables.

Pour la spéculation de la volaille comme pour toutes celles d'une ferme, on doit consulter les débouchés et les ressources, afin de savoir auquel on doit le plus s'attacher de la production des œufs, ou de la chair et de la plume.

Si on a en vue la spéculation des œufs, on doit avoir de jeunes poules *sans coqs*, afin d'éviter le germe, qui hâte la décomposition. Ces œufs, comme on le pense, ne sont pas bons pour la reproduction.

On doit nourrir abondamment les poules en hiver avec de l'orge ou de l'avoine à demi-cuite à la vapeur, afin de hâter la ponte.

On peut, en été, lorsque les œufs sont abondants ou à vil prix, les mettre dans de l'eau de chaux, où ils se conservent frais pendant plusieurs mois.

Si on a en vue la chair et la plume, on doit chercher à obtenir la plus grande quantité possible de volailles, aux saisons les plus favorables à la vente ; pour arriver à ce résultat, on ne peut compter sur l'incubation des poules ; on devra donc recourir aux moyens artificiels, les couvoirs. (*Ceux de M. Bir, déposés à l'Expo-*

sition (1), *m'ont paru réunir toutes les conditions de simplicité, d'économie et de succès.* A l'aide de ces couvoirs, l'éclosion se fait très bien, et les petits, trouvant la chaleur qui leur est nécessaire, se passent facilement de celle de la mère et de ses soins. Une pièce particulière, tenue à une température convenable, et une grande propreté sont indispensables pour la première croissance.

Jusqu'à ce qu'ils soient emplumés, et surtout les premiers jours, les poussins demandent une nourriture particulière et des soins assidus ; un peu de vin, du pain et de la viande de temps en temps, conviennent parfaitement à la première éducation. Une fois bien emplumés, les petits poulets peuvent, sans inconvénients, être mis au poulailler commun pour vivre en liberté.

Le poulailler doit être spacieux, aéré et tenu très proprement ; il doit être obscur plutôt que clair, car les poules qui ne pondent pas au poulailler choisissent toujours des lieux sombres et écartés, ce qui prouve encore qu'on ne doit pas, sans nécessité, entrer au poulailler au moment de la ponte. Les nids, les juchoirs et les auges doivent être souvent nettoyés, et même quelquefois lavés à l'eau de chaux. La paille des nids doit être aussi changée souvent.

Le poulailler doit, autant que possible, avoir son ouverture au levant, afin de rendre la volaille diligente, car c'est le matin qu'elle trouve en plus grande abondance les limaces et autres insectes dont elle se nour-

(1) Son dépôt est à Paris, chez M. Allez, 2, quai de la Mégisserie.

rit ; c'est encore une condition pour qu'il ne soit ni trop froid en hiver, ni trop chaud en été ; on doit aussi le préserver de l'humidité. Des nids réservés dans les murs, et formés de pierres taillées, bien jointes, sont une bonne condition pour préserver les pondeuses de la vermine qui les éloigne ; de la chaux vive en poudre, placée sous la paille, est encore un bon procédé pour atteindre ce but. On doit faciliter aux poules le moyen d'arriver à ces nids. Il est bon de séparer, si on le peut, chaque espèce de volaille, n'en eût-on qu'une petite quantité. Si on fait de la volaille en grand, on ne peut se dispenser d'avoir autant de logements que d'espèces, poules, poulets, dindons, canards, volailles à l'engrais, etc., et la propreté est indispensable à toutes les espèces.

Le succès d'une basse-cour dépend entièrement de la personne qui en est chargée ; elle doit être douce, vigilante et attentive aux plus petits détails, elle doit compter souvent ses volailles au sortir des poulaillers, voir s'il n'y a pas de malades qu'il faut de suite séparer et soigner.

L'heure des repas doit être très régulière : le matin, au soleil levant, et le soir à trois heures en hiver, un peu plus tard en été, afin de rappeler toutes les poules au gîte pour la nuit, et de ne pas leur faire perdre le temps à attendre. La nourriture chaude semble préférable en hiver ; on a remarqué qu'elle hâte la ponte.

Une poule pond de cent vingt à cent quarante œufs par an ; bien nourrie, elle peut dépasser ce nombre. On ne doit pas conserver une poule au delà de trois ou quatre ans ; les bonnes ménagères marquent avec de petits bas cousus à la jambe, les poules conservées, de manière qu'en employant, chaque année, des bandes différentes, il est facile de s'y reconnaître.

Pour obtenir une fécondation certaine, un coq ne doit pas avoir plus de douze poules. Les œufs les plus frais sont les meilleurs à faire couver ; ils ne doivent jamais avoir plus de huit à dix jours, et provenir de jeunes poules. L'incubation dure vingt et un à vingt-deux jours ; on doit veiller avec soin l'éclosion, afin d'enlever les coquilles et les mauvais œufs, sans toutefois trop tourmenter la mère, qui, en s'agitant, pourrait écraser ses petits ; toutes les ménagères ont dû remarquer que les couvées dérobées à leurs soins sont presque toujours celles qui réussissent le mieux ; on ne doit donc pas trop déranger les couveuses et se borner à tenir de l'eau et de la nourriture à leur portée, sans en permettre l'accès aux autres volailles, qui dévoreraient tout en un instant.

Dindon.

La poule d'Inde aime à faire son nid dans les champs, autour de la ferme, dans des buissons, des herbes ou des troncs d'arbres creux, où elle et sa couvée sont souvent mangés par les chiens, les renards ou les oiseaux de proie ; on doit donc la surveiller avec soin pour prévenir cet inconvénient, en la forçant de pondre le matin avant sa sortie, lorsqu'on se sera assuré, par le toucher, qu'elle a un œuf à donner dans la journée.

Si on n'a pu l'amener à pondre dans un lieu convenable, on recueille chaque jour ses œufs, et on lui en donne ordinairement vingt à couver sur un panier plat garni de paille. On met près d'elle à boire et à manger.

Les dindons demandent quelques soins particuliers, surtout lorsqu'ils sont jeunes ; on les nourrit comme les petits poulets, et on leur donne des orties hachées et cuites avec de l'orge, de l'avoine ou d'autres grains concassés, auxquels on peut ajouter du lait caillé et quelquefois un peu de vin, surtout dans les temps humides, pendant lesquels on doit avoir grand soin de les tenir à l'abri des pluies. Les dindons doivent être conduits en troupeaux, sortis seulement après la rosée du matin, et rentrés avant celle du soir.

Le moment où les dindonneaux prennent le rouge, est celui où ils demandent le plus de soins ; on doit alors les tenir au chaud, et leur donner des boissons et une nourriture fortifiante.

Oie.

L'oie est un oiseau de basse-cour dont on tire le plus grand parti par son duvet, ses plumes grandes et petites, sa chair et sa graisse. Pour le duvet et la plume, les oies blanches sont les plus estimées. La femelle couve quatorze ou quinze œufs ; l'incubation dure vingt-huit à trente jours. On donne aux petits des œufs cuits mélangés d'orties, de pain, de farine de maïs ou d'orge. On remplace bientôt cette nourriture par des pommes de terre cuites et de la farine de maïs ou de sarrasin. On doit éviter soigneusement que les orties soient niellées ou couvertes de pucerons. Il faut, comme pour les dindonneaux, garantir les oisons contre les pluies et le froid qui leur sont mortels.

Malgré tous les avantages qu'on retire des oies, on doit les proscrire impitoyablement des pays de bonne culture où on ne les élève pas en troupeau, faute d'avoir des terrains vagues à sa disposition, car réduites à un petit nombre et livrées à elles-mêmes, les oies sont le fléau le plus mortel des prés, comme les chèvres sont celui des haies et des vergers ; et les dommages qu'elles causent sont loin d'être payés par le produit qu'on en retire. Dans les pays de pauvre culture, au contraire, elles sont une précieuse ressource pour les malheureux qui les conduisent en bandes nombreuses dans les champs après les récoltes, et sur des terrains communaux qui sont les biens de tous.

Canard.

Le canard est le plus facile et le moins coûteux à élever. Par son extrême avidité il s'accommode de toute espèce de nourriture. Tout ce que j'ai dit des oies s'applique aux canards. Une bonne condition pour les uns et les autres est d'avoir des mares ou étangs à proximité de la ferme ; elle est surtout indispensable pour les canards, qui y passent une grande partie de la journée, n'aiment point à être conduits en troupeaux et causent ainsi beaucoup moins de dégâts que les oies auxquelles on ne saurait les comparer sous ce rapport.

Pigeon.

On distingue deux variétés de pigeons : le pattu ou celui de volière et le fuyard ou colombin. Le premier est très fécond ; il donne environ dix couvées par an, c'est-à-dire une par mois, tant que les froids ne sont pas trop rigoureux. L'incubation dure vingt-un jours, aussi at-il constamment des œufs et des petits. Les mâles des pigeons pattus se font une guerre continuelle. Pour assurer une réussite complète il est presque indispensable que chaque paire ait sa case séparée. Ils vivent au milieu de la volaille. On doit les nourrir toute l'année. Le pigeon fuyard, au contraire, est peu fécond; il fait au plus trois couvées par an, mais il va au loin chercher sa nourriture. Il est, par ce fait, le fléau du laboureur, car si une pluie ou toute autre cause n'a pas permis d'enterrer tout le grain semé, une volée de pigeons venant à s'abattre sur le champ, n'y laissera souvent pas un seul grain, et un cultivateur imprévoyant, qui attribuerait sa disparution à la pluie, s'exposerait ainsi à perdre une récolte. Sous ce rapport, je serais tenté de ranger le pigeon fuyard dans la classe des oies et des chèvres.

On doit nourrir les pigeons pendant les neiges et les froids; ils font, du reste, connaître le moment où les ressources leur manquent en venant se mêler aux oiseaux de basse-cour, ce qu'ils font rarement en d'autres temps.

Engraissement.

Chaque oiseau de basse-cour a son mode d'engraissement particulier : les volailles de Bresse et du Mans, les plus belles et les plus estimées, arrivent à cette perfection *qu'on connaît*, par un mélange de raves cuites et de farine de sarrasin ou d'autre grain, qui, formé en boulettes trempées dans du lait, donne à la graisse toute sa finesse et sa blancheur.

L'engraissement des dindons se commence de même

et s'achève avec des noix ou des châtaignes qu'on leur fait avaler. On commence par une vingtaine par jour, en deux ou trois fois, et on augmente le nombre progressivement jusqu'à cent vingt et même cent cinquante. Les châtaignes sont préférables, elles produisent une meilleure graisse.

Les oies et les canards s'engraissent facilement avec des pommes de terre cuites mélangées de farine de maïs, d'orge, de sarrasin ou d'autres grains ; une addition de lait rend la graisse moins jaune et plus délicate.

Pour les pigeons, on les engorge pendant quelques jours, au sortir de la volière, avec des grains de maïs trempés dans l'eau quelques heures à l'avance.

CHAPITRE XV.

CULTURE DE LA VIGNE.

Il est difficile pour la vigne d'indiquer un mode de culture bien précis, sans être en contradiction avec les usages de la plupart des pays où on la cultive ; car selon le climat, le terrain, elle se prête à tous les caprices et à toutes les tailles ; je ne donnerai donc que des idées générales sur sa culture, bien que j'habite le pays où on la cultive le mieux.

La vigne a quelquefois à souffrir des hivers très rigoureux, mais les gelées qu'elle redoute surtout, sont celles du printemps qui enlèvent souvent entièrement la récolte. D'après cela, on doit éviter de planter des vignes dans des lieux bas et humides, lorsqu'on a d'autres terres à sa disposition ; et les expositions les plus convenables sont celles du sud et de l'est, l'ouest convient moins, et le nord pas du tout.

Les terres riches sont celles qui produisent le plus de vin, mais elles ne donnent que du vin de médiocre qualité.

Les terrains légers, graveleux, calcaires, sont ceux qui donnent les meilleurs vins, mais en moins grande quantité.

C'est induire en erreur que d'indiquer le nom des différents plants de vignes pour donner la préférence à l'un ou à l'autre, car le même est souvent connu sous des noms différents ; ainsi en Bourgogne, nous avons le pineau rouge et blanc, le noirien, le passe-tout-grain rouge et blanc et le gamet ; entre quelques-uns de ces plants même, il y a beaucoup de rapports, les vignerons le plus expérimentés ne sont pas certains de les reconnaître à l'inspection seule du bois ; et souvent on fait venir à grands frais d'un autre pays, des plants de noms différents et qui ne sont autres que ceux qu'on possède ; on doit donc ne changer le sien, que lorsqu'on a vu les raisins ou qu'on est bien certain de ce qu'on demande.

On a conseillé de mêler plusieurs espèces en plantant une vigne, afin d'avoir meilleure qualité et récolte plus certaine ; on ne saurait trop mettre en garde contre un semblable conseil, dont tout le monde peut apprécier les inconvénients ; comme on vient de le dire, peu de vignerons connaissent les espèces à l'inspection seule du bois ; et bien peu d'espèces cependant doivent être taillées exactement de même ; il s'ensuit toujours une mauvaise taille (et c'est de là cependant que dépend la production de la vigne), puisque la taille qui est bonne pour les unes ne convient pas aux autres ; il y aura donc inévitablement perte pour la quantité ; de plus, toutes les espèces ne mûrissent pas à la même époque, là encore il y a perte, mais perte sur la qualité et la quantité ; car l'une est pourrie, ou l'autre n'est pas mûre.

Si par un mélange de plusieurs espèces de raisins on pense avoir une meilleure qualité de vin, si on espère une récolte plus assurée, parce que les plants étant plus ou moins robustes, plus ou moins précoces, une portion réussira souvent où tout aurait manqué, qui empêche alors de planter un ou plusieurs hectares de chaque espèce ; on évite ainsi les inconvénients d'une mauvaise taille, et d'une maturité inégale ; on vendange chaque vigne, lorsqu'il en est temps ; on a obtenu le même résultat, et évité tous les inconvénients.

Multiplication et entretien.

La vigne se multiplie ou s'entretient de diverses manières : On plante en automne dans les montagnes et dans les terres sèches et calcaires ; au printemps, dans les terrains bas et humides. On prend à cet effet des sarments de l'année, bien aoûtés, longs d'environ quatrevingts centimètres ; en Bourgogne, on les place dans des fossés faits alternativement à une distance de un mètre vingt ou trente centimètres environ, et espacés à cinquante centimètres dans la fosse, ayant soin de former un coude avec la partie inférieure, de manière à occuper les deux tiers environ de la largeur du fossé ; on recouvre immédiatement d'un peu de terre, et on remplit le fossé, en en faisant un nouveau, et successivement. On emploie aussi de la même manière des plants enracinés, provenant de pépinières faites une année ou deux à l'avance ; de cette façon, on avance d'autant sa jouissance.

On a parlé d'une méthode qui consiste à cultiver profondément à la charrue, et à planter au moyen d'un pieu dont on se sert pour faire des trous, dans lesquels on introduit un plant de vigne ; cette manière économique, dont je ne puis discuter les inconvénients ou les avantages, est entièrement proscrite dans nos pays, comme mauvaise.

On entretient la vigne par différents moyens, le provignage, le marcotage ou la greffe. Le provignage s'emploie pour rajeunir une vigne, ou pour repeupler les places vides ; on fait dans la direction du cep qu'on veut remplacer ou créer une fosse à la profondeur de l'ancienne plantation, qui vient aboutir au cep qui doit fournir les nouveaux plants ; on coupe toutes les racines latérales de ce cep, et on le couche en entier, avec précaution, dans le fond de la fosse, puis on choisit les sarments les plus vigoureux dont on ramène l'un à la place du vieux pied, et on dirige l'autre à la place qu'on veut garnir ; si le cep qu'on provigne est vigoureux, il peut ainsi en former trois ou quatre nouveau. Dès que les sarments sont convenablement distribués aux places qu'ils doivent occuper, on fait descendre dans la fosse un peu de terre de la surface pour les assujettir ; et il est indispensable avant de la remplir, d'y ajouter des terres neuves ou des engrais, afin de donner de la vigueur à ce pied destiné à en nourrir plusieurs. Ce mode d'entretien des vignes est incontestablement le plus sûr et le meilleur.

Le marcotage est destiné à remplacer aussi un cep manquant ou à reproduire de nouveaux plants ; à cet effet, on fait une petite fosse qu'on dirige en pente du cep reproducteur à la place vide, et à la profondeur nécessaire, on prend un des sarments les plus bas, et on le couche dans cette fosse sans le détacher de la souche faisant ressortir l'extrémité à la place convenable ; puis, comme pour le provignement, on met un peu de terre, on fume et on achève de remplir la fosse. Au bout de deux ans, on sèvre le jeune cep, qui est ordinairement fort et vigoureux ; mais, le plus souvent, on n'a pas remarqué combien la souche a souffert, heureux si elle ne périt pas ; aussi ai-je entièrement exclu de mes cultures ce mode de reproduction.

Quant à la greffe, elle ne se pratique pas dans le but de rajeunir une vigne, elle sert uniquement à changer un mauvais plant ; à cet effet, on déchausse le cep à six ou huit pouces de profondeur, on coupe toutes les racines latérales qu'on rencontre ; à quatre ou cinq pouces, on coupe le cep horizontalement et on le greffe en couronne avec le plant qu'on a l'intention de substituer au premier ; cette méthode est la seule applicable à cette substitution.

Je me borne à indiquer qu'on greffe en couronne, car cette opération ne peut s'entreprendre que par un ouvrier qui a l'habitude de greffer.

Qu'on plante, qu'on provigne, qu'on marcotte ou qu'on greffe, on ne doit jamais laisser qu'un ou deux bourgeons du sarment hors de terre.

Lorsqu'on tient à la qualité du vin, on ne doit jamais fumer la vigne avec des engrais animaux ; on entretient sa vigueur en y transportant des terres neuves, du marc de raisin distillé, des chiffons, etc.

La vigne réclame des soins journaliers ; la taille se fait au printemps, autant que possible par un temps sec. Cette opération doit être précédée d'un déchaussage à la pioche, afin que l'ouvrier puisse retrancher à la taille toutes les racines gourmandes qui se forment près de terre et empêchent les racines mères de prendre le développement nécessaire à la durée de la vigne. La taille se fait plus ou moins longue, et de diverses manières selon l'espèce de plant qu'on cultive. Si on a en vue la durée d'une vigne, il faut la ménager en ne taillant pas trop long, et en ne laissant pas trop de membres ou coursons. A peine la taille achevée, on se hâte de piocher avant que la vigne se développe; sans cela, telle précaution qu'on prenne, on enlève en cultivant beaucoup de bourgeons qui sont autant de perdu pour la récolte (Il ne faut pas craindre à cette première culture de couper toutes les racines superficielles qui auraient échappé à la taille). Après ce travail, qui a pour but d'ouvrir la terre aux influences atmosphériques, et de détruire les mauvaises herbes, on plante les pesseaux ou échalas aussi solidement que possible, afin qu'ils ne soient pas renversés par les vents ; puis, pour les vignerons qui ont une culture importante, il est bientôt temps de biner la vigne, en commençant par les mêmes que la première fois, afin de tenir la terre dans un état constant de propreté; après ce second travail, dès que les pampres de vigne sont devenus ligneux, qu'ils ont ainsi acquis une certaine solidité, et que la fleur est passée, on les lie en faisceau à l'échalas, avec de la paille ou du jonc, afin de les mettre à l'abri des orages.

Il est quelques pays où on est dans l'usage de monder à cette époque, c'est-à-dire d'enlever tous les jets gourmands et qui n'ont pas de raisins; cette pratique est très délicate, et quoique excellente en elle-même, elle peut être pernicieuse dans des mains inhabiles ; ainsi un jet peut se développer sans raisin à la partie inférieure du cep, il sera supprimé impitoyablement comme gourmand par un ouvrier inintelligent ; et cependant très souvent si ce gourmand eût été réservé, il était destiné, lors de la taille suivante, à être conservé avec soin comme moyen de rajeunir le cep. On voit donc que cette façon, abandonnée trop souvent aux femmes et aux enfants, comme peu fatiguante, doit être au contraire exclusivement réservée à un maître vigneron intelligent, qui saura ménager à chaque cep les ressources nécessaires pour la taille suivante. Plus tard, il faut encore donner une troisième façon avant le commencement de la maturité, afin que la terre reçoive plus facilement la chaleur, et activer ainsi la maturité du raisin. Bien des cultivateurs croient pouvoir se dispenser de cette façon, dans la crainte, disent-ils, de faire brûler la vigne ; si la culture superficielle qu'on donne à cette époque laisse pénétrer une chaleur convenable, elle s'oppose aussi aux fâcheux effets d'une trop longue sécheresse, car une terre meuble s'échauffe mais ne se crevasse jamais. Il est donc indispensable de faire cette dernière façon avant la maturité, car souvent encore les herbes d'automne qui resteraient sans cela, occasionnent des pertes considérables, en faisant pourrir le raisin. La culture terminée, on relève dans de certains pays, ou on rogne dans d'autres la vigne à la hauteur des échalas, afin d'exposer les raisins au soleil, de laisser circuler l'air, et de faciliter la récolte.

Depuis quelques années on essaie de remplacer les échalas par des fils de fer ; cette méthode demande une plus forte mise de fonds, mais devient économique à la longue. L'essentiel est de bien fixer les fils de fer aux deux extrémités, ce qu'on ne peut faire seulement au moyen de pieux qui finissent toujours par céder ; il faut, de plus, une borne placée à quelque distance en arrière, à laquelle on fixe par un piton le fil de fer qu'on tend au moyen d'un tour ; on comprend qu'outre les pieux placés aux deux extrémités, il faut, de distance en distance, de forts échalas pour supporter aussi les fils de fer et offrir de la résistance aux vents.

On remplace les pieux par des barres de fer fixées dans des dés en pierres ébauchées ; du fer carré de trois à quatre centimètres suffit, et on y trouve beaucoup d'économie ; on peut encore remplacer les pieux ou échalas intermédiaires par quelques mûriers placés de distance en distance, qui fournissent un plus solide appui, et donnent peu d'ombre, si on les effeuille tout les ans, en les utilisant à un nouveau produit (l'éducation des vers à soie, ou à la nourriture des bestiaux qui en sont friands).

On place le premier fil de fer à trente ou quarante centimètres de terre, afin d'obtenir une maturité plus compléte, et le second à égale distance du premier, pour y attacher la vigne ; on peut en mettre un troisième et allonger la taille de la vigne jusqu'au second, si le plant qu'on cultive est assez vigoureux. On peut aussi cultiver la vigne en hautains, au moyen de ces fils de fer ; on place pour cette culture, qu'on appelle culture mixte, des rangées de vignes alternées avec des céréales, à dix ou quinze mètres de distance, ces vignes cultivées en lignes n'empêchent pas le travail de la charrue, nuisent peu à la récolte des céréales, et doublent souvent le produit d'un champ. Cette méthode est en usage dans beaucoup de pays, et pour ma part, j'en ai obtenu les plus heureux résultats.

Il est très important de vendanger par le beau temps ; le raisin blanc ne doit point se fouler dans les vases où on le dépose en le récoltant, le vin pourrait devenir jaune ; on le porte immédiatement sur le pressoir pour en exprimer le jus, qu'on doit envaser à mesure qu'il découle.

Quant au raisin rouge, il n'y a point d'inconvénient à le fouler, on égrappe même dans quelques pays ; cependant il y aurait inconvénient à enlever toutes les grappes dont les principes astringents contribuent souvent à la conservation du vin, comme la peau à sa couleur. On dépose donc les raisins égrappés ou écrasés dans de grands vases (des cuves), où on les écrase encore autant que possible, pour accélérer la fermentation, dont on prolonge plus ou moins la durée selon la couleur et la qualité du vin qu'on désire obtenir. Si la fermentation tarde trop à s'établir, ce qui tient à la qualité du raisin, ou à une température froide, on l'active soit en couvrant la cuve, soit en l'arrosant avec du moût qu'on en aura tiré et qu'on aura fait bouillir, soit avec du sucre ou de la mélasse.

Dès que la fermentation a fait monter au-dessus de la cuve les parties solides du raisin, de manière à en former un chapeau, le vin étant resté dessous, des hommes entrent dans la cuve, broient de nouveau et avec soin tous les raisins qui ont échappé la première fois et font plonger tout ce qui s'était réuni à la surface, afin d'éviter que cette masse ne s'aigrisse au contact de l'air. On laisse ensuite remonter ce chapeau pour le replonger en-

core. Enfin, lorsque le vin a acquis le degré de fermentation qu'on désire, on décuve le liquide en mettant le
vin en tonneau ou en foudre, puis on transporte le marc
sur le pressoir pour en exprimer tout le jus, qu'on mêle
ou non avec le premier, selon la qualité qu'on désire;
en général le vin de pressurage favorise la conservation.

On ne doit pas laisser passer le mois de mars sans
transvaser ou soutirer les vins pour les séparer de la
grosse lie, et il est prudent de recommencer cette opération dans le mois d'août, afin d'enlever celle qui se serait
formée de nouveau, et pourrait à cette époque se mélanger au vin.

Avec le marc du raisin conservé dans des cuves ou des
tonneaux, dans lesquels on le presse fortement et qui
doivent être hermétiquement fermés avant la fermentation, on fait, lorsque les travaux sont achevés, une
eau-de-vie qui se vend très facilement dans le commerce.

Le marc dont on a tiré toute la partie alcoolique qu'il
contenait, laissé quelque temps au passage des bestiaux,
ou transporté immédiatement dans les vignes les plus
maigres, est le meilleur engrais qu'on puisse leur donner,
il semble même leur être exclusivement réservé, car il
produit peu d'effet sur les autres cultures.

CHAPITRE XVI.

ARBRES VERTS, AMÉNAGEMENT DES BOIS, ARBRES FRUITIERS, ABEILLES.

Arbres verts.

Mon projet n'a pas été de parler de la sylviculture, qui n'entre point dans le cadre de cet ouvrage, mais les semis et la plantation des arbres verts ont pris heureusement une telle extension qu'il est peu de pays, où chaque propriétaire n'en ait fait quelques essais, surtout dans ceux de pauvre culture, de landes ou de montagnes. Je me bornerai à un mot sur ce sujet : trop souvent l'insuccès des semis vient de ce qu'on choisit mal la graine ou le terrain qui lui convient; quelques espèces aussi sont trop délicates pour être livrées à elle-même, et exigent les soins de la pépinière; pour réussir il faut donc étudier toutes ces conditions.

Les plantations les plus usitées sont celles de mélèzes, de pins sylvestres, pins d'Écosse, pins maritimes et sapins. Ces diverses espèces sont peu difficiles sur la nature des terres qu'on leur destine; on les voit, en effet, prospérer aux environs de Paris, dans les plaines infertiles de la Sologne, et ailleurs, sur les montagnes granitiques les plus arides. Elles se sèment en place ou en pépinière : en place, sur un léger labour, en les associant à de l'avoine, du sarrasin ou autres plantes qui favorisent par leur ombrage la levée et la croissance du semis ; en pépinière, toujours associées à d'autres plantes qui les protégent. La levée des semis en pépinière est plus certaine par la facilité qu'on a de pouvoir les arroser. Qu'on sème ou qu'on plante, ce doit toujours être au printemps, et non en d'autres saisons.

Les semis en place, en lignes ou à la volée, s'éclaircissent tous les deux ou trois ans, à mesure que les arbres se gênent jusqu'à ce qu'ils soient espacés à cinq ou sept mètres de distance ; on commence ainsi à rentrer insensiblement dans ses frais par les fagots et le bois de chauffage. On peut essayer des mélèzes, comme je l'ai dit, dans les montagnes granitiques les plus arides, et je citerai ce que j'ai vu à l'appui de cette assertion : sur une montagne granitique du Charolais, qui n'avait jamais produit de quoi nourrir un mouton toute une année, des mélèzes (semés en lignes par M. Martin de Gray, ancien député) avaient, après neuf ans de semis, atteint une hauteur de quatre à cinq mètres en moyenne et un diamètre de quinze à vingt centimètres à un mètre du sol ; de plus, à cette place autrefois nue, on voyait une herbe fine et touffue, haute de vingt à vingt-cinq centimètres.

Les plantations d'arbres verts se font dans des trous de quarante à cinquante centimètres, préparés à l'avance, à moitié distance de celle que les arbres doivent avoir un jour entre eux, afin de pouvoir ôter les moins bien venus, lorsqu'ils seront trop épais, et de rentrer en partie dans ses frais, dans un temps moins éloigné.

On doit écarter avec le plus grand soin le bétail des jeunes semis ou plantations d'arbres verts, jusqu'à ce que la cîme du moins élevé, soit par sa hauteur à l'abri de la dent du bétail ; on sait que c'est une condition indispensable de succès.

Aménagement des bois.

Tous les bois demandent à être aménagés, c'est-à-dire divisés en coupes réglées dont on ne doit jamais s'écarter. C'est une condition indispensable dans une bonne administration ; de la sorte, les revenus du propriétaire sont plus régulièrement divisés, et les bois ne sont jamais détériorés ou dépréciés.

On doit regarnir soigneusement les clairières, et enlever régulièrement le sous-bois (plantes grimpantes, ronces et épines), et pour l'exploitation, on ne saurait mieux faire que de suivre en tous points les règlements forestiers.

Arbres fruitiers.

On ne peut se dispenser d'avoir des arbres fruitiers dans une ferme, mais l'art du pépiniériste s'est tellement étendu, et les arbres de bonnes espèces greffés sont à si bas prix, qu'il est presque toujours plus avantageux d'en acheter que d'en faire. On sait, en les achetant, quels sont les terrains et l'exposition qui conviennent à chaque espèce ; je ne m'arrêterai donc pas à ces distinctions qui rentrent dans l'art du jardinier pépiniériste, et que je n'aurais pu qu'indiquer sommairement ici.

Abeilles.

Enfin, il est encore une ressource bien précieuse pour

un cultivateur, c'est l'éducation des abeilles. On a beaucoup écrit sur ce sujet, et ce que je pourrais en dire servirait peu à celui qui n'a que quelques ruches ; et pour ceux qui veulent s'adonner en grand à cette spéculation, je les renverrai à l'intéressant ouvrage de M. de Beauvois (1), couronné par plusieurs sociétés d'agriculture, et récemment par la Société nationale, qui lui a accordé une médaille d'or.

Je me bornerai donc à dire que le miel est presque indispensable à tout cultivateur ; qu'il entre pour beaucoup dans les breuvages et les médicaments administrés à sa famille et à ses bestiaux ; qu'ainsi, même dans les pays où les abeilles ne peuvent réussir en grand faute de fleurs, de prairies, ou par toute autre cause, il est toujours intéressant d'élever quelques ruches.

Les jeunes chevaux surtout ne peuvent se passer de miel.

(1) On trouve cet ouvrage chez M. Mathias, libraire, 15, quai Malaquais.

CHAPITRE XVII.

CONCLUSION ET CONSEILS.

Pour résumer ce qui a été dit dans ce traité, je crois devoir ajouter qu'il ne suffit pas de bien cultiver ; que tout cultivateur, fermier ou propriétaire voulant entreprendre une exploitation agricole avec profit, ne peut réussir sans les conditions suivantes :

Il doit, avant tout, jouir d'une bonne santé, être laborieux, matinal, vigilant et économe ;

Tenir régulièrement ses écritures, se'on son instruction, de manière à se rendre un compte exact de ses opérations en général, et du prix de revient de chaque récolte et de chaque chose en particulier ;

S'absenter rarement de sa ferme, et jamais surtout sans y être bien remplacé ;

Adopter les meilleurs instruments aratoires pour ses terres, après les avoir essayés sans enthousiasme comme sans préjugé ;

Avoir au moins du tiers à la moitié de ses terres en prairies artificielles ou racines fourragères destinées aux bestiaux, afin de nourrir le plus longtemps possible à l'étable un nombreux bétail de rente, après y avoir nourri abondamment toute l'année celui *strictement* nécessaire pour les travaux de la ferme ; toutefois, avec la précaution, dans chaque exploitation, d'avoir au moins

un ou plusieurs chevaux, une ou plusieurs paires de
bœufs de rechange, selon l'importance de la ferme, pour
remplacer de temps en temps des bêtes fatiguées ou
malades;

Exiger de ses gens la plus grande douceur avec les
animaux, et le plus grand soin dans leurs pansements.

Soigner minutieusement ses engrais et amendements
sous le rapport de la qualité et de la quantité;

Veiller constamment aux assainissements et aux irrigations;

Exiger de ses ouvriers ou subordonnés un travail
convenable, sans jamais abuser de leurs forces, le faire
avec fermeté, justice et bonté, et les intéresser au succès
par des gratifications judicieusement distribuées à tous
ou aux plus dignes, à la suite des inventaires ou des
principaux travaux, tels que semailles, fauchaisons,
moissons, etc.;

Consulter ses ressources pécuniaires, afin de ne point
se charger d'une ferme au-dessus de ses forces; avoir
à sa disposition un fonds de roulement suffisant, non
seulement pour cultiver, mais encore pour se procurer
tout le matériel nécessaire, se livrer avec fruit à l'éducation et à l'engraissement des bestiaux, et supporter,
dans le cours de son exploitation, une ou plusieurs mauvaises années sans être arrêté dans ses opérations;

Ne point avoir des idées trop arrêtées à l'avance
sur les assolements à adopter, les engrais et les amendements à choisir, les espèces d'animaux à préférer à
l'exclusion de tous autres, enfin se garder d'un système
de conduite et de culture invariablement déterminé.

Un homme intelligent, au contraire, doit tout étudier,

tout consulter autour de lui : la température du pays qu'il habite et ses variations, la nature de ses terres, les engrais ou amendements qui leur conviennent, les cultures les plus avantageuses non seulement relativement à la qualité des terres, mais encore aux débouchés qui lui sont offerts ; la nature des fourrages, les animaux auxquels ils conviennent le mieux ; en un mot, il ne doit point se poser, au début, comme réformateur absolu de tout ce qui existe dans un pays, car partout il y a du bon ; mais étudier attentivement ce qui s'y passe, pour adopter ce qui est bien, réformer ce qui est mal, et introduire ce qui serait mieux, sans céder ni à la prévention de la routine ni à l'entraînement de l'innovation.

Ne pas craindre, pour toute nouvelle introduction, de faire venir des hommes spéciaux ; car si des travaux d'irrigations ou d'assainissement, le fauchage des blés, la construction des meules de foin ou de grains, les battages au moyen de machines, etc., sont autant de travaux qui, mal exécutés, entraînent des pertes considérables, faits par des hommes exercés, ils procurent de grands avantages, et ils deviennent bientôt familiers à tous les cultivateurs intelligents de la localité. On le sait, et je le répète à dessein, un revers en agriculture fait rétrograder le progrès plus que dix succès ne le font avancer.

Les meules de grains devraient être entourées d'un petit fossé qu'on puisse tenir plein d'eau pour éloigner les rats et les mulots.

Pour faire une riche culture, il faudrait, en principe, que le produit des bestiaux d'une ferme fût égal à tous les autres produits réunis. De cette manière, on ne peut en douter, les profits iraient toujours croissants. Pour assurer les plus grands succès à cette spéculation, il faut connaître les équivalents de cent kilogrammes de foin sec, en grains et racines, afin de faire consommer chaque année ce qui devra donner les meilleurs résultats en argent, selon les prix des denrées, soit qu'on doive en acheter ou en vendre.

Il est prudent, indispensable même, de connaître la quantité de fourrage et de pailles dont on peut disposer ; si on n'a pas de bascule, l'œil y supplée par l'habitude, et on doit tenir une note exacte de chaque char de fourrage rentré. Quant aux pailles, on en connaîtra aussi la quantité par le grain qu'on en aura extrait, si on sait :

1° Que par chaque hectolitre de froment pesant 75 à 80 kilogrammes, on a environ 180 à 200 kilogrammes de paille ;

2° Que par chaque hectolitre de seigle pesant 68 à 70 kilogrammes, on a environ 180 à 200 kilogrammes de paille ;

3° Que par hectolitre d'orge pesant 60 à 65 kilogrammes, on a 90 à 100 kilogrammes de paille ;

4° Que par hectolitre d'avoine pesant 40 à 50 kilogrammes, on a 140 à 150 kilogrammes de paille.

Ces calculs, bien qu'exacts pour quelques pays, ne le sont par pour tous, mais on sent combien il est aisé de les ramener à de justes proportions qui ne permettent plus que des erreurs sans importance, si on bat une quantité quelconque de chaque espèce de grains, pour la peser ainsi que la paille qui l'a produite, et établir de nouveaux rapports. De cette manière, un cultivateur qui connaît la consommation journalière de ses bestiaux, sait toujours à l'avance s'il doit les conserver tous, en augmenter ou en diminuer le nombre, et choisir le moment le plus convenable pour l'achat ou la vente.

Dans ces calculs, on ne doit surtout pas perdre de vue qu'il y a plus de profit à bien nourrir une quantité de bestiaux restreinte, qu'à en mal nourrir un plus grand nombre.

Il faut améliorer avec grand soin la disposition des étables mal construites, les aérer, les assainir, et en créer de nouvelles plutôt que d'entasser le bétail dans des écuries trop petites. Celui qui n'a qu'une exploitation peu importante devra autant que possible travailler constamment avec ses ouvriers, et pour lui il y aura profit ; il y aurait perte au contraire pour celui qui est à la tête d'une exploitation considérable ; sa surveillance doit s'étendre à tout, à chaque instant du jour ; ses ouvriers, ses bestiaux, ses terres, ses prés, tout réclame une égale attention ; pour celui-ci il ne suffit pas même de tout voir, il doit encore avoir un carnet pour écrire tout ce qu'il voit, qui réclame des soins, afin qu'à toute heure et pour tous les temps, il sache de suite, au moyen de ses notes, où il doit le plus utilement diriger ses ouvriers ; en effet, sans cette précaution, des irrigations à régler, des eaux stagnantes à écouler, des prés à boucher, des bestiaux à rentrer, des fossés à curer, des portions de murs à relever, des taupinières à étendre, des harnais et des instruments aratoires à réparer, sont autant de choses utiles que les travaux principaux font souvent oublier.

Pour obtenir une plus grande somme de travail, et un travail plus parfait des employés d'une ferme, il faut autant que possible que chacun soigne et conduise toujours les mêmes animaux, se serve des mêmes instruments, et soit employé aux mêmes travaux.

Chaque employé d'une ferme doit connaître la veille les travaux du lendemain; s'il est vrai que le maître doive être toujours le premier levé, c'est principalement dans les temps variables, où une pluie de la nuit change tous les projets de la journée; et à ce moment surtout, ses notes lui sont indispensables, pour assigner à chacun, sans perte de temps, une nouvelle occupation. Dans une ferme bien dirigée, il ne doit pas y avoir un moment perdu, si on sait réserver de l'ouvrage pour tous les temps.

Une règle qu'il est indispensable d'établir, c'est de rentrer et de nettoyer tous les instruments aratoires le samedi, sinon tous les jours, afin que rangés par ordre sous un hangar, l'inspection en soit facile le dimanche matin, pour réformer ou faire réparer ceux qui ne pourraient fournir aux travaux de la semaine.

On doit aussi sortir et visiter plus soigneusement les bestiaux le dimanche, afin de donner du repos à ceux qui pourraient en avoir besoin; cette visite serait plus utilement faite en présence du vétérinaire. Il faut encore et surtout mettre ses écritures au courant tous les soirs, quelles qu'aient été les fatigues de la journée; avec des écritures bien montées, quelques minutes suffisent chaque jour; et si on n'agit ainsi, les détails d'une ferme sont si multipliés, qu'il est impossible de ne pas tomber dans de graves erreurs.

Le succès d'une exploitation sera encore d'autant plus assuré, que le chef sera mieux secondé par une ménagère active, intelligente et capable.

Espérons enfin que la loi sur l'enseignement agricole fera refluer vers l'agriculture une partie des capitaux qu'une fâcheuse défiance a fait disparaître de la circulation. Jusqu'ici, il a fallu plus que du courage pour s'occuper d'améliorations agricoles ; ceux qui y étaient portés par goût ne rencontraient qu'indifférence dans le gouvernement, sarcasmes et dédain dans la société, ignorance, incrédulité et mauvais vouloir chez les plus intéressés, c'est-à-dire chez les cultivateurs eux-mêmes. Un tel état de choses, joint aux nombreux mécomptes qui en étaient la conséquence forcée, était peu fait pour attirer de ce côté les bras et la spéculation ; mais, on doit l'espérer, une ère nouvelle va s'ouvrir pour l'agriculture ; les propriétaires, désormais affranchis de toutes inquiétudes, trouveront des chefs de culture et des valets intelligents, instruits dans les fermes écoles. Les écoles régionales prendront le pas dans la voie des essais et des améliorations de tous genres ; alors un propriétaire prudent, marchant à la suite de ces écoles, trouvant partout aide et bon vouloir, n'adoptera que ce qui aura été reconnu bon par des expériences répétées, et entrera avec sécurité dans la voie du progrès , ne craignant pas de confier à l'agriculture des capitaux qu'il ne confierait plus qu'en tremblant, aux actions, aux rentes et aux industries particulières. De la sorte, le nombre des propriétaires s'occupant d'agriculture ira toujours croissant, et comme l'a voulu la loi, le gouvernement, en consacrant annuellement dans chaque école quelques milliers de francs à d'utiles expérimentations, jettera dans l'agriculture des millions qui n'attendent qu'une bonne direction pour tourner au profit des bras inoccupés des villes et des campagnes, et réaliser en partie ce grand problème de l'assistance publique.

L'Institut agronomique propagera la *science* agricole en rendant un compte exact et fidèle de ses travaux, de ses essais et de ses découvertes.

Un paragraphe inséré par M. le ministre de l'instruction publique, dans le projet de loi sur l'enseignement, prouve qu'il a reconnu la nécessité de donner une base à notre instruction agricole; on peut donc regarder comme certain que, grâce au concours de deux ministres aussi éclairés, l'agriculture encouragée, protégée et honorée, prendra désormais en France le rang qui lui appartient.

FIN.

TABLE DES MATIÈRES.

FIN DE LA TABLE.

Imprimerie de GUSTAVE GRATIOT, 11, rue de la Monnaie.